国家出版基金项目
NATIONAL PUBLICATION FOUNDATION

"十三五"国家重点图书出版规划项目

水利水电工程信息化 BIM 丛书 | 丛书主编　张宗亮

HydroBIM-3S技术集成应用

张宗亮　主编

中国水利水电出版社
www.waterpub.com.cn

·北京·

内 容 提 要

本书系国家出版基金项目和"十三五"国家重点图书出版规划项目——《水利水电工程信息化 BIM 丛书》之《HydroBIM－3S 技术集成应用》分册。全书共 7 章，主要内容包括：绪论、HydroBIM－3S 技术集成综述、HydroBIM－3S 技术集成框架、Hydro-BIM－3S 技术集成数据体系、HydroBIM－3S 技术集成应用体系、HydroBIM－3S 技术集成平台、总结与展望。

本书可供水利水电工程勘察设计人员参考借鉴，也可供相关科研单位及高等院校的师生教学参考。

图书在版编目（CIP）数据

HydroBIM-3S技术集成应用 / 张宗亮主编. -- 北京：
中国水利水电出版社，2023.10
（水利水电工程信息化BIM丛书）
ISBN 978-7-5226-1842-5

Ⅰ. ①H… Ⅱ. ①张… Ⅲ. ①水利水电工程－计算机
辅助设计－应用软件 Ⅳ. ①TV-39

中国国家版本馆CIP数据核字(2023)第193759号

书　　名	水利水电工程信息化 BIM 丛书 **HydroBIM－3S 技术集成应用** HydroBIM－3S JISHU JICHENG YINGYONG	
作　　者	张宗亮　主编	
出版发行	中国水利水电出版社 （北京市海淀区玉渊潭南路 1 号 D 座　100038） 网址：www.waterpub.com.cn E-mail：sales@mwr.gov.cn 电话：（010）68545888（营销中心）	
经　　售	北京科水图书销售有限公司 电话：（010）68545874、63202643 全国各地新华书店和相关出版物销售网点	
排　　版	中国水利水电出版社微机排版中心	
印　　刷	北京印匠彩色印刷有限公司	
规　　格	184mm×260mm　16 开本　11 印张　205 千字	
版　　次	2023 年 10 月第 1 版　2023 年 10 月第 1 次印刷	
印　　数	0001—1500 册	
定　　价	**88.00 元**	

信息技术与工程深度融合
是水利水电工程建设发展
的重要方向！

中国工程院院士
马洪琪
2016年6月

序　一

信息技术与工程建设深度融合是水利水电工程建设发展的重要方向。当前，工程建设领域最流行的信息技术就是 BIM 技术，作为继 CAD 技术后工程建设领域的革命性技术，在世界范围内广泛使用。BIM 技术已在其首先应用的建筑行业产生了重大而深远的影响，住房和城乡建设部及全国三十多个省（自治区、直辖市）均发布了关于推进 BIM 技术应用的政策性文件。这对同属于工程建设领域的水利水电行业，有着极其重要的借鉴和参考意义。2019 年全国水利工作会议特别指出要"积极推进BIM 技术在水利工程全生命期运用"。2019 年和 2020 年水利网信工作要点都对推进 BIM 技术应用提出了具体要求。南水北调、滇中引水、引汉济渭、引江济淮、珠三角水资源配置等国家重点水利工程项目均列支专项经费，开展 BIM 技术应用及 BIM 管理平台建设。各大流域水电开发公司已逐渐认识到 BIM 技术对于水电工程建设的重要作用，近期规划设计、施工建设的大中型水电站均应用了 BIM 技术。水利水电行业 BIM 技术应用的政策环境和市场环境正在逐渐形成。

作为国内最早开展 BIM 技术研究及应用的水利水电企业之一，中国电建集团昆明勘测设计研究院有限公司（以下简称"昆明院"）在中国工程院院士、昆明院总工程师、全国工程勘察设计大师张宗亮的领导下，打造了具有自主知识产权的 HydroBIM 理论和技术体系，研发了 Hydro-BIM 设计施工运行一体化综合平台，实现了信息技术与工程建设的深度融合，成功应用于百余项项目，获得国内外 BIM 奖励数十项。《水利水电工程信息化 BIM 丛书》即为 HydroBIM 技术的集大成之作，对HydroBIM 理论基础、技术方法、标准体系、综合平台及实践应用进行了全面的阐述。该丛书已被列为国家出版基金项目和"十三五"国家重点图书出版规划项目，可为行业推广应用 BIM 技术提供理论指导、技术借鉴和实践经验。

BIM 人才被认为是制约国内工程建设领域 BIM 发展的三大瓶颈之

一。据测算，2019年仅建筑行业的BIM人才缺口就高达60万人。为了破解这一问题，教育部、住房和城乡建设部、人力资源和社会保障部及多个地方政府陆续出台了促进BIM人才培养的相关政策。水利水电行业BIM应用起步较晚，BIM人才缺口问题更为严重，迫切需要企业、高校联合培养高质量的BIM人才，迫切需要专门的著作和教材。该丛书有详细的工程应用实践案例，是昆明院十多年水利水电工程BIM技术应用的探索总结，可作为高校、企业培养水利水电工程BIM人才的重要参考用书，将为水利水电行业BIM人才培养发挥重要作用。

中国工程院院士　钟登华

2020年7月

序　二

　　中国的水利建设事业有着辉煌且源远流长的历史，四川都江堰枢纽工程、陕西郑国渠灌溉工程、广西灵渠运河、京杭大运河等均始于公元前。公元年间相继建有黄河大堤等各种水利工程。中华人民共和国成立后，水利事业开始进入了历史新篇章，三门峡、葛洲坝、小浪底、三峡等重大水利枢纽相继建成，为国家的防洪、灌溉、发电、航运等方面作出了巨大贡献。

　　诚然，国内的水利水电工程建设水平有了巨大的提高，糯扎渡、小湾、溪洛渡、锦屏一级等大型工程在规模上已处于世界领先水平，但是不断变更的设计过程、粗放型的施工管理与运维方式依然存在，严重制约了行业技术的进一步提升。这个问题的解决需要国家、行业、企业各方面一起努力，其中一个重要工作就是要充分利用信息技术。在水利水电建设全行业实施信息化，利用信息化技术整合产业链资源，实现全产业链的协同工作，促进水利水电行业的更进一步发展。当前，工程领域最热议的信息技术，就是建筑信息模型（BIM），这是全世界普遍认同的，已经在建筑行业产生了重大而深远的影响。这对同属于工程建设领域的水利水电行业，有着极其重要的借鉴和参考意义。

　　中国电建集团昆明勘测设计研究院有限公司（以下简称"昆明院"）作为国内最早一批进行三维设计和 BIM 技术研究及应用的水利水电行业企业，通过多年的研究探索及工程实践，已形成了具有自主知识产权的集成创新技术体系 HydroBIM，完成了 HydroBIM 综合平台建设和系列技术标准制定，在中国工程院院士、昆明院总工程师、全国工程勘察设计大师张宗亮的领导下，昆明院 HydroBIM 团队十多年来在 BIM 技术方面取得了大量丰富扎实的创新成果及工程实践经验，并将其应用于数十项水利水电工程建设项目中，大幅度提高了工程建设效率，保证了工程安全、质量和效益，有力推动工程建设技术迈上新台阶。昆明院 Hydro-BIM 团队于 2012 年和 2016 年两获欧特克全球基础设施卓越设计大赛一等奖，将水利水电行业数字化信息化技术应用推进到国际领先水平。

　　《水利水电工程信息化 BIM 丛书》是昆明院十多年来三维设计及 BIM 技术研究与应用成果的系统总结，是一线工程师对水电工程设计施工一体化、数字化、信息化进行的探索和思考，是 HydroBIM 在水利水电工程中应用的精华。丛书架构合理，内容丰富，涵盖了水利水电 BIM 理论、技术体系、技术标准、系统平台及典型工程实例，是水利水电行业第一套 BIM 技术研究与应用丛书，被列为国家出版基金项目和"十三五"国家重点图书出版规划项目，对水利水电行业推广 BIM 技术有重要的引领指导作用和借鉴意义。

　　虽说 BIM 技术已经在水利水电行业得到了应用，但还仅处于初步阶段，在实际过程中肯定会出现一些问题和挑战，这是技术应用的必然规律。我们相信，经过不断的探索实践，BIM 技术肯定能获得更加完善的应用模式，也希望本书作者及广大水利水电同人们，将这一项工作继续下去，将中国水利水电事业推向新的历史阶段。

中国科学院院士

2020 年 7 月

序　三

　　BIM 技术是一种融合数字化、信息化和智能化技术的设计和管理工具。全面应用 BIM 技术能够将设计人员更多地从绘图任务中解放出来，使他们由"绘图员"变成真正的"设计师"，将更多的精力投入设计工作中。BIM 技术给工程界带来了重大变化，深刻地影响工程领域的现有生产方式和管理模式。BIM 技术自诞生至今十多年得到了广泛认同和迅猛发展，由建筑行业扩展到了市政、电力、水利、铁路、公路、水运、航空港、工业、石油化工等工程建设领域。国务院，住房和城乡建设部、交通运输部、工业和信息化部等部委，以及全国三十多个省（自治区、直辖市）均发布了关于推进 BIM 技术应用的政策性文件。

　　为了集行业之力共建水利水电 BIM 生态圈，更好地推动水利水电工程全生命期 BIM 技术研究及应用，2016 年由行业三十余家单位共同发起成立了水利水电 BIM 联盟（以下简称"联盟"），本人十分荣幸当选为联盟主席。联盟自成立以来取得了诸多成果，有力推动了行业 BIM 技术的应用，得到了政府、业主、设计单位、施工单位等的认可和支持。联盟积极建言献策，促进了水利水电行业 BIM 应用政策的出台。2019 年全国水利工作会议特别指出要"积极推进 BIM 技术在水利工程全生命期运用"。2019 年和 2020 年水利网信工作要点均对推进 BIM 技术应用提出了具体要求：制定水利行业 BIM 应用指导意见和水利工程 BIM 标准，推进 BIM 技术与水利业务深度融合，创新重大水利工程规划设计、建设管理和运行维护全过程信息化应用，开展 BIM 应用试点。南水北调工程在设计和建设中应用了 BIM 技术，提高了工程质量。当前，水利行业以积极发展 BIM 技术为抓手，突出科技引领，设计单位纷纷成立工程数字中心，施工单位也开始推进施工 BIM 应用。水利工程 BIM 应用已经由设计单位推动逐渐转变为业主单位自发推动。作为水利水电 BIM 联盟共同发起单位、执委单位和标准组组长单位的中国电建集团昆明勘测设计研究院有限公司（以下简称"昆明院"），是国内最早一批开展 BIM 技术研究及应用的水利水电企业。在领导层的正确指引下，昆明院在培育出大量水利水电 BIM 技术人才的同时，也形成了具有自主知识产权的以 HydroBIM 为核心的系列成果，研发了全生命周期的数字化管理平台，并成功运用到各大工程项目之中，真正实现了技术服务于工程。

　　《水利水电工程信息化 BIM 丛书》总结了昆明院多年在水利水电领域探索 BIM 的经验与成果，全面详细地介绍了 HydroBIM 理论基础、技术方法、标准体系、综合平台及实践应用。该丛书入选国家出版基金项目和"十三五"国家重点图书出版规划项目，是水利水电行业第一套 BIM 技术应用丛书，代表了行业 BIM 技术研究及应用的最高水平，可为行业推广应用 BIM 技术提供理论指导、技术借鉴和实践经验。

水利部水利水电规划设计总院正高级工程师
水利水电 BIM 联盟主席

2020 年 7 月

序　四

　　我国目前正在进行着世界上最大规模的基础设施建设。建设工程项目作为其基本组成单元，涉及众多专业领域，具有投资大、工期长、建设过程复杂的特点。20世纪80年代中期以来，计算机辅助设计（CAD）技术出现在建设工程领域并逐步得到广泛应用，极大地提高了设计工作效率和绘图精度，为建设行业的发展起到了巨大作用，并带来了可观的效益。社会经济在飞速发展，当今的工程项目综合性越来越强，功能越来越复杂，建设行业需要更加高效高质地完成建设任务以保持行业竞争力。正当此时，建筑信息模型（BIM）作为一种新理念、新技术被提出并进入白热化的发展阶段，正在成为提高建设领域生产效率的重要手段。

　　BIM的出现，可以说是信息技术在建设行业中应用的必然结果。起初，BIM被应用于建筑工程设计中，体现为在三维模型上附着材料、构造、工艺等信息，进行直观展示及统计分析。在其发展过程中，人们意识到BIM所带来的不仅是技术手段的提高，而且是一次信息时代的产业革命。BIM模型可以成为包含工程所有信息的综合数据库，更好地实现规划、设计、施工、运维等工程全生命期内的信息共享与交流，从而使工程建设各阶段、各专业的信息孤岛不复存在，以往分散的作业任务也可被其整合成为统一流程。迄今为止，BIM已被应用于结构设计、成本预算、虚拟建造、项目管理、设备管理、物业管理等诸多专业领域中。国内一些大中型建筑工程企业已制定符合自身发展要求的BIM实施规划，积极开发面向工程全生命期的BIM集成应用系统。BIM的发展和应用，不仅提高了工程质量、缩短了工期、提升了投资效益，而且促进了产业结构的优化调整，是建筑工程领域信息化发展的必然趋势。

　　水利水电工程多具有规模大、布置复杂、投资大、开发建设周期长、参与方众多及对社会、生态环境影响大等特点，需要全面控制安全、质量、进度、投资及生态环境。在日益激烈的市场竞争和全球化市场背景下，建立科学高效的管理体系有助于对水利水电工程进行系统、全面、现代化的决策与管理，也是提高工程开发建设效率、降低成本、提高安全性和耐久性的关键所在。水利水电工程的开发建设规律和各主体方需求与建筑工程极其相似，如果 BIM 在其中能够得以应用，必然将使建设效率得到极大提高。目前，国内部分水利水电勘测设计单位、施工单位在 BIM 应用方面已进行了有益的探索，开展了诸如多专业三维协同设计、自动出图、设计性能分析、5D 施工模拟、施工现场管理等应用，取得了较传统技术不可比拟的优势，值得借鉴和推广。

中国电建集团昆明勘测设计研究院有限公司（以下简称"昆明院"）自 2005 年接触 BIM，便开始着手引入 BIM 理念，已在百余工程项目中应用 BIM，得到了业主和业界的普遍好评。与此同时，昆明院结合在 BIM 应用方面的实践和经验，将 BIM 与互联网、物联网、云计算技术、3S 等技术相融合，结合水利水电行业自身的特点，打造了具有自主知识产权的集成创新技术 HydroBIM，并完成 HydroBIM 标准体系建设和一体化综合平台研发。《水利水电工程信息化 BIM 丛书》的编写团队是昆明院 BIM 应用的倡导者和实践者，丛书对 HydroBIM 进行了全面而详细的阐述。本丛书是以数字化、信息化技术给出了工程项目规划设计、工程建设、运行管理一体化完整解决方案的著作，对大土木工程亦有很好的借鉴价值。本丛书入选国家出版基金项目和"十三五"国家重点图书出版规划项目，体现了行业对其价值的肯定和认可。

现阶段 BIM 本身还不够完善，BIM 的发展还在继续，需要通过实践不断改进。水利水电行业是一个复杂的行业，整体而言，BIM 在水利水电工程方面的应用目前尚属于起步阶段。我相信，本丛书的出版对水利水电行业实施基于 BIM 的数字化、信息化战略将起到有力的推动作用，同时将推进与 BIM 有机结合的新型生产组织方式在水利水电企业中的成功运用，并将促进水利水电产业的健康和可持续发展。

清华大学教授，BIM 专家

2020 年 7 月

水利水电工程是重要的国民基础建设，现代水利工程除了具备灌溉、发电功能之外，还实现了防洪、城市供水、调水、渔业、旅游、航运、生态与环境等综合应用。水利行业发展的速度与质量，宏观上影响着国民经济与能源结构，微观上与人民生活质量息息相关。

改革开放以来，水利水电事业发展如火如荼，涌现了许许多多能源支柱性质的优秀水利水电枢纽工程，如糯扎渡、小湾、三峡等工程，成绩斐然。然而随着下游流域开发趋于饱和，后续的水电开发等水利工程将逐渐向西部上游区域推进。上游流域一般地理位置偏远，自然条件恶劣，地质条件复杂，基础设施相对落后，对外交通条件困难，工程勘察、施工难度大，这些原因都使得我国水利水电发展要进行技术革新以突破这些难题和阻碍。解决这个问题需要国家、行业、企业各方面一起努力。水利部已经发出号召，在水利领域内大力发展 BIM 技术，行业内各机构和企业纷纷响应。利用 BIM 技术可以整合产业链资源，实现全产业链的协同工作，促进行业信息化发展，已经在建筑行业产生了重大影响。对于同属工程建设领域的水利水电行业，BIM 技术发展起步相对较晚、发展缓慢，如何利用 BIM 技术将水利水电工程的设计建设水平推向又一个全新阶段，使水利水电工程的设计建设能够更加先进、更符合时代发展的要求，是水利人一直以来所要研究的课题。

中国电建集团昆明勘测设计研究院有限公司（以下简称"昆明院"）于 1957 年正式成立，至今已有 60 多年的发展历史，是世界 500 强中国电力建设集团有限公司的成员企业。昆明院自 2005 年开始三维设计及 BIM 技术的应用探索，在秉承"解放思想、坚定不移、不惜代价、全面推进"的指导方针和"面向工程、全员参与"的设计理念下，开展 BIM

正向设计及信息技术与工程建设深度融合研究及实践，在此基础上凝练提出了 HydroBIM，作为水利水电工程规划设计、工程建设、运行管理一体化、信息化的最佳解决方案。HydroBIM 即水利水电工程建筑信息模型，是学习借鉴建筑业 BIM 和制造业 PLM 理念和技术，引入"工业 4.0"和"互联网＋"概念和技术，发展起来的一种多维（3D、4D－进度/寿命、5D－投资、6D－质量、7D－安全、8D－环境、9D－成本/效益……）信息模型大数据、全流程、智能化管理技术，是以信息驱动为核心的现代工程建设管理的发展方向，是实现工程建设精细化管理的重要手段。2015 年，昆明院 HydroBIM® 商标正式获得由原国家工商行政管理总局商标局颁发的商标注册证书。HydroBIM 与公司主业关系最贴切，具有高技术特征，易于全球流行和识别。

经过十多年的研发与工程应用，昆明院已经建立了完整的 HydroBIM 理论基础和技术体系，编制了 HydroBIM 技术标准体系及系列技术规程，研发形成了"综合平台＋子平台＋专业系统"的 HydroBIM 集群平台，实现了规划设计、工程建设、运行管理三大阶段的工程全生命周期 BIM 应用，并成功应用于能源、水利、水务、城建、市政、交通、环保、移民等多个业务领域，极大地支撑了传统业务和多元化业务的技术创新与市场开拓，成为企业转型升级的利器。HydroBIM 应用成果多次荣获国际、国内顶级 BIM 应用大赛的重要奖项，昆明院被全球最大 BIM 软件商 Autodesk Inc. 誉为基础设施行业 BIM 技术研发与应用的标杆企业。

昆明院 HydroBIM 团队完成了《水利水电工程信息化 BIM 丛书》的策划和编写。在十多年的 BIM 研究及实践中，工程师们秉承"正向设计"理念，坚持信息技术与工程建设深度融合之路，在信息化基础之上整合增值服务，为客户提供多维度数据服务、创造更大价值，他们自身也得到了极大的提升，丛书就是他们十多年运用 BIM 等先进信息技术正向设计的精华大成，是十多年来三维设计及 BIM 技术研究与应用创新的系统总结，既可为水利水电行业管理人员和技术人员提供借鉴，也可作为高等院校相关专业师生的参考用书。

丛书包括《HydroBIM－数字化设计应用》《HydroBIM－3S 技术集成应用》《HydroBIM－三维地质系统研发及应用》《HydroBIM－BIM/CAE 集成设计技术》《HydroBIM－乏信息综合勘察设计》《HydroBIM－

厂房数字化设计》《HydroBIM-升船机数字化设计》《HydroBIM-闸门数字化设计》《HydroBIM-EPC总承包项目管理》等。2018年，丛书入选"十三五"国家重点图书出版规划项目。2021年，丛书入选2021年度国家出版基金项目。丛书有着开放的专业体系，随着信息化技术的不断发展和BIM应用的不断深化，丛书将根据BIM技术在水利水电工程领域的应用发展持续扩充。

丛书的出版得到了中国水电工程顾问集团公司科技项目"高土石坝工程全生命周期管理系统开发研究"（GW-KJ-2012-29-01）及中国电力建设集团有限公司科技项目"水利水电项目机电工程EPC管理智能平台"（DJ-ZDXM-2014-23）和"水电工程规划设计、工程建设、运行管理一体化平台研究"（DJ-ZDXM-2015-25）的资助，在此表示感谢。同时，感谢国家出版基金规划管理办公室对本丛书出版的资助；感谢马洪琪院士为丛书题词，感谢钟登华院士、陈祖煜院士、刘志明副院长、马智亮教授为本丛书作序；感谢丛书编写团队所有成员的辛勤劳动；感谢欧特克软件（中国）有限公司大中华区技术总监李和良先生和中国区工程建设行业技术总监罗海涛先生等专家对丛书编写的支持和帮助；感谢中国水利水电出版社为丛书出版所做的大量卓有成效的工作。

信息技术与工程深度融合是水利水电工程建设发展的重要方向。BIM技术作为工程建设信息化的核心，是一项不断发展的新技术，限于理解深度和工程实践，丛书中难免有疏漏之处，敬请各位读者批评指正。

丛书编委会

2021年2月

　　水利水电勘察信息匮乏的问题贯穿设计阶段，是工程建设各方高度重视的问题，而近年来 3S 技术集成广泛应用于资源与环境动态监测与趋势预报、重大自然灾害监测与预警、城市及经济开发区的规划与管理等方面，因此探索和研究其在水利水电工程的应用至关重要。3S 技术集成应用以全球导航卫星系统（GNSS）、遥感技术（RS）、地理信息系统（GIS）为基础，结合实际应用目的的需要，整合各类现代化信息手段，将三者有机结合而成，是一种多学科条件下的复合应用技术。近年来，在云计算、大数据、物联网等技术的不断发展下，3S 技术集成应用也得到了拓展。针对水利水电工程地质工程信息匮乏的特点，3S 技术集成应用大大提高了水利水电工程勘测设计的效率，更加适应当前勘测设计行业的发展趋势。

　　本书旨在将 3S 技术集成应用引入水利水电工程建设过程的全周期：在项目可行性研究阶段，利用三维可视化平台构建的流域虚拟场景可满足大坝选址、库容流量初步测算的需求；在规划设计阶段，可满足大坝选型、概念设计、详细设计、施工布置的需求；在电站建设阶段，可满足施工管理、进度模拟、安全风险评价等业务的需求；在电站竣工后，可为水库管理、水工建筑物运维等提供服务。同时，结合各类新兴感知技术与数据应用技术，将 3S 技术集成融合为新的信息化手段，向着集成化、云端化、平台化的方向发展。

　　全书共 7 章。第 1 章介绍了 3S 技术集成起源，然后对国内外 3S 技术集成研究现状、特点与优势、模式及应用进行了总结，并在此基础上介绍了本书关于 3S 技术与 HydroBIM 的集成。第 2 章引入了 HydroBIM－3S 的概念，对技术体系、特点以及意义进行了概述，结合水利水电工程全生命周期倾斜摄影测量技术、三维激光扫描技术、一体化移动测量技术、CORS 网络、水下多波束扫描仪、无人机低空航摄系统，对 HydroBIM－3S 技术集成的勘察设计及平台建设进行了着重介绍。第 3 章讨论了 HydroBIM－3S 技术集成框架体系，介绍了当代水利水电工程 3S 技术集成应用模式和基于 3S 技术的水利水电工程全流程数据的应用。第 4 章研究了 HydroBIM－3S 技术集成数据体系，探讨了水利水电工程中各专业对数据需求、数据获取、数据处理的要求。第 5 章着重介绍 HydroBIM－3S 技术集成应用体系，探讨了 HydroBIM－3S 技术集成应用的方法，并介绍了红石岩堰塞湖、印尼 Kluet1 水电站工程、滇中引水工程等应用案例。第 6 章研究了 HydroBIM－3S 技术集成平台，将 HydroBIM－3S 技术集成并与信息化、数字化技术结合，应用于水利水电工程全生命周期各个阶段。第 7 章对 HydroBIM－3S 技术集成进行了总结，并对拓展应用方向提出了具体思路。

本书在编写过程中得到了中国电建集团昆明勘测设计研究院有限公司各级领导和同事的大力支持和帮助，得到了天津大学建筑工程学院水利水电工程系的鼎力支持。中国水利水电出版社也为本书的出版付出诸多辛劳。在此一并表示衷心感谢！

限于作者水平，谬误和不足之处在所难免，恳请广大读者批评指正。

作者

2023 年 2 月

目 录

第 1 章

绪 论

1.1 3S 技术集成起源

近年来，空间信息技术、传感器技术、卫星定位与导航技术、计算机技术和通信技术等快速发展且高度集成，使人们能更好地应用现代信息技术对空间信息进行采集、处理、管理、分析、表达和传播。3S 技术是遥感技术（remote sensing，RS）、全球导航卫星系统（global navigation satellite system，GNSS）和地理信息系统（geographic information system，GIS）的统称。其中，RS 用于大范围获取地物信息特征和监测其变化，GNSS 能够快速定位和获取准确的位置信息，GIS 用于空间数据存储、查询、分析、显示和综合处理，三者互相补充，有机结合，形成了一个统一平台，能够实现各种技术优势的充分发挥。从 20 世纪 90 年代开始，3S 技术集成日益受到关注和重视，并逐渐发展成为一门新的交叉学科，即地球空间信息科学（geo - spatial information science，简称 Geomatics）。3S 技术的紧密结合为地学研究提供了新的科学方法，为水利水电工程勘测应用提供了重要技术手段。

20 世纪 90 年代以来，随着 3S 技术在各行各业中的应用日益增加和网络通信技术的迅速发展，空间信息技术由以研究为主步入了实用化、集成化和网络化的新阶段，形成一系列具有广阔市场前景的空间信息技术新兴产业。随着 3S 研究和应用的不断深入，人们逐渐认识到单独应用其中的一种技术往往不能满足一些工程的需求，只有综合利用 3S 技术的优势，才能满足对地观测、信息处理、分析模拟的需要。

1.1.1 测绘学的发展过程

测绘是一门古老的学科，伴随着人类的活动而产生，并不断丰富起来的。从古埃及尼罗河泛滥后的土地丈量，到我国战国时期李冰兴建都江堰的勘察测量，再到马王堆出土的西汉古舆图，它经历了长期的发展过程。近代以来，测

1

绘学与其他许多科学技术发展规律相同，经历了"科学细分"的过程。在几百年来历次工业革命中，测绘学与其他许多科学技术发展规律一样，经历了一个"科学细分"的过程。就测绘学科内部而言，在 20 世纪 30—50 年代，比较明确地划分为大地测量、天文测量、摄影测量、工程测量和地图制图等专业。然而，随着 20 世纪 50—60 年代电子计算机科学和空间科学的发展，整个世界经历着一场新的技术革命，这场技术革命的主要特点是，各个学科、各个专业在信息获取、信息传输、数据处理、成果显示、表达和应用中更多地利用电子计算机技术。一场信息技术革命迅速席卷各个学科，形成不同学科间相互交叉的具有强大生命力的边缘学科。目前这种从细分走向综合的发展趋势已经形成了强大的冲击力量，推动着测绘学科内部各个专业以及与测绘、遥感学科相邻近的专业（如空间科学、计算机科学、地球科学、地理学、环境科学、城市科学、管理科学等）相互综合，进而开始形成一个边缘科学——地球空间信息科学，成为信息科学和信息产业的一个组成部分。就测绘、遥感学科而言，促进这种综合的主要因素是遥感技术（RS）、全球导航卫星系统（GNSS）、地理信息系统（GIS）、数字摄影测量系统（digital photographic system，DPS）和专家系统（expert system，ES）这五大现代技术的发展和相互结合。

从传统测绘到数字化测绘，从古埃及的土地丈量到今天的遥感遥测，从传统的手描笔绘人工画图到现代的数字编辑激光喷绘，传统的模拟测绘技术体系已经转变成为数字化测绘技术体系。以光学机械为主要标志的传统测绘技术体系是 20 世纪测绘专业的主要技术支撑。为了取得数据，野外测量人员要肩扛背负几十斤重的仪器，奔波在崇山峻岭、戈壁沙漠中。早期的线划测绘图利用手工和模拟的机械绘制，不仅耗时费力，而且质量不高。数字化测绘体系应用在整个测绘作业、生产和服务流程中，实现数据获取和采集、加工和处理、管理和应用的数字化。测绘产品形式也从传统的纸质地图变成了 4D 产品，即数字正射影像地图（digital orthophoto map，DOM）、数字高程模型（digital elevation model，DEM）、数字栅格地图（digital raster graphic，DRG）和数字线划地图（digital line graphic，DLG），这是对传统测绘生产技术的一次革命。这体现了测绘行业的最终目的不仅仅只是绘制地图，它还要为社会各行各业提供所需的地表空间位置数据，并利用这些空间数据实现虚实交互，把地表的情形以真三维、真尺度、真纹理重建起来。以空间数据资源和 3S 技术及其集成为核心，结合网络、存储等技术形成的数字化测绘体系，其驱动力、建设模式与以前不同，但技术体系的建设路径是高度一致的。

信息化测绘技术体系在技术层面是现代测绘科学技术经多学科交叉、融合后发展形成的，它依托数字化测绘体系，实现地理空间信息的快速获取和更新、智能化处理和一体化管理、网络化生产与分发服务，实现地理空间信息资源的融合、增值服务，使测绘信息与技术产品社会化，为社会提供多尺度、多形式的服务，是后数字化测绘技术时期的发展走向。信息化测绘技术主要包括遥感技术（RS）、全球导航卫星系统（GNSS）、地理信息系统（GIS）、卫星重力测量（satellite gravity survey，SGS）、卫星测高（satellite altimetry，SA）、信息高速公路和计算机网络技术、虚拟现实技术等。人类的社会活动和自然界的发展变化都是在时空框架下进行的，地球空间信息是它们的载体和数学基础。在信息时代，由于互联网和移动通信网络的发展，加上计算机终端的便携化，时空信息服务的大众化成为当前和未来的时代特征，也是空间信息行业产业化运转的关键。由此，信息化测绘体系的建设必须依托于公共服务、公共产品、公共平台等。测绘学各发展阶段内容比较见表 1.1－1。

表 1.1－1　　　　　　测绘学各发展阶段内容比较

阶　段		模拟化	数字化	信息化	知识化	普适化
内容	数据类别	模拟数据	地理数据	空间数据	时空数据	格网数据
	处理对象	实体	数据	信息	知识	数据信息知识集成
	产品模式	手工	4D 技术	数字导航地图 5DDNM	在线智能保障	实时
	技术手段	传统方式	3S 技术	3S＋LBS	全球信息格网技术	4A/4W 技术
	服务基础	基于地图的服务	基于定位的服务	基于位置的服务	基于路径的服务	基于前导的服务
	产品定位	绘图	测度	理解	提炼	预测
	主导身份	制图者	地理信息提供者	空间信息服务者	定制服务者	按需服务者
	基础设施	资料库/图库	空间数据基础设施	空间信息基础设施	空间网格基础设施	空间服务基础设施
	适用产业	测绘产业	地理信息产业	空间信息产业	知识产业	智能创意产业
	建设驱动	测绘系统	测绘行业	国家层位	社会需求	"草根化"全民推动

1.1.2　现代测绘学与多学科融合

测绘学科的现代发展促使测绘学中出现若干新学科，例如卫星大地测量（或空间大地测量）、遥感测绘（或航天测绘）、地图制图与地理信息工程等。由于将空间数据与其他专业数据进行综合分析，测绘学科从单一学科走向多学科交叉，其应用已扩展到与空间分布信息有关的众多领域，显示出现代测绘学正与近年来兴起的一门新兴学科——地球空间信息科学相互融合。

地球空间信息科学（Geomatics）是采用现代探测与传感技术、摄影测量与遥感对地观测技术、卫星导航定位技术、卫星通信技术和地理信息系统等为主要手段，研究地球空间坐标与环境参数信息的获取、分析、管理、存储、传输、显示和应用的一门综合和集成的信息科学和技术。地球空间信息科学是以3S 技术为核心，并包括通信技术、计算机技术的一门新兴学科。它是地球科学的一个前沿领域，是地球信息科学的重要组成部分。2004 年英国《自然》杂志曾发表文章指出，地球空间信息技术与纳米技术、生物技术并列为当今世界最具发展前途和发展潜力的三大高新技术。

地球空间信息科学不仅包含现代测绘科学的所有内容，而且体现了多学科的交叉与渗透，并特别强调计算机技术的应用。地球空间信息科学不仅局限于数据的采集，更强调地球空间数据和信息从采集、处理、量测、分析、管理、存储到显示和发布的全过程。这些特点标志着测绘学科从单一学科走向多学科的交叉；从利用地面测量仪器进行局部地面数据的采集，到利用各种星载、机载和舰载传感器实现对地球表面及其环境的几何、物理等数据的采集；从单纯提供静态测量数据，到实时、实地提供随时空变化的地球空间信息。将空间数据和其他专业数据进行综合分析，其应用已扩展到与空间分布有关的诸多方面，如环境监测与分析、资源调查与开发、灾害监测与评估、现代化农业、城市发展、智能交通等。

1.1.3　3S 技术集成的形成

随着遥感技术的发展和应用研究的深入，人们发现，虽然获取的遥感数据分辨率（时间分辨率、空间分辨率、光谱分辨率）越来越高，但数据量也越来越大，数据处理的方法也越来越复杂，并且越来越需要 GIS 系统的支持来解决数据的存储、管理和处理。与此同时，许多应用仅依靠遥感数据提供的信息无法全面解决实际生产中的问题，需要其他数据支持，而在 GIS 平台下才能得到对问题较全面的理解和解决。实际上，无论从学科知识，还是技术、方法角度来说，单一性的技术在解决各行业复杂的综合问题时都显得力不从心。和众多技术相比，遥感技术主要是信息的获取技术，而不是信息处理、提取乃至解决问题的技术。遥感技术需要与 GIS 技术、GNSS 技术、计算机技术、三维可视化技术、仿真模拟技术、虚拟现实技术等现代信息技术密切结合，才能使其应用不断走向深入。3S 技术集成就是在此背景下产生的。

1.2　3S 技术集成研究现状

1.2.1　国内外研究现状

3S 技术即利用 RS 的大面积获取地物信息特征，GNSS 快速定位和准确获取数据的能力，以及 GIS 的空间查询、分析和综合处理能力，将三者有机结合而形成一个系统，实现各种技术的综合。作为目前对地观测系统中空间信息获取、存储管理、更新、分析和应用的三大支撑技术集成，它是现代社会持续发展、资源合理规划利用、城乡规划与管理、自然灾害动态监测与防治等的重要技术手段，也是地学研究走向定量化的科学方法之一。从 20 世纪 90 年代开始，3S 技术集成日益受到关注。

（1）GIS 技术。M. Goodchild 认为 GIS 是"采集、存储、管理、分析和显示有关地理现象信息的综合系统"。Bernhardsen、Burrough、Longley 等也都曾提出过 GIS 的基本概念。美国大学地理信息科学研究会提出了 GIS 是在计算环境中解决地理问题的概念和方法。GIS 的定义是多元化的，学术界、产业界、政府在不同的领域就有不同的关注重点。30 多年的 GIS 技术进步使 GIS 在数据库系统、分析模型等方面有长足发展。苏立勇等（2020）基于 BIM - GIS 技术辅助城市轨道交通附属一体化方案的设计，在设计阶段实现了环境的可视化、附属一体化设计方案的比选等功能，为后续实现城市轨道交通数字化建造打下数据基础。冯凌彤（2022）针对传统洪灾风险评估方法的地理位置信息准确性低致使评估结果准确性较差的问题，引入 GIS 技术并通过收集地理信息资料构建评价指标体系，实现了河南省洪灾风险的高准确率评估。

（2）RS 技术。遥感作为一个术语出现于 1962 年，而 RS 技术在世界范围内的迅速发展和广泛使用，是在 1972 年美国 Landsat - 1 成功发射并获取了大量卫星图像之后。各种高、中、低轨道相结合，大、中、小卫星相互协同，高、中、低分辨率互补的全球对地观测系统，能快速、及时地提供多种空间分辨率、时间分辨率和光谱分辨率的对地观测数据。姚晓洁等（2021）基于 RS 技术，通过分析不同年度地表温度与热场等级的时空分异特征，探究了城市热环境的演变趋势和地表温度与地表参数的相关性。张健等（2018）基于 GIS 和 RS 技术，通过灰色关联分析方法对成都市中心城区不同年度的卫星影像数据进行分析，建构城市景观格局的分析模型，探索了城市河流廊道自身因素对城市景观格局的影响与机制。

（3）GNSS 技术。GNSS 是一种卫星导航定位系统，它是对地球表层空间点的三维定位测量，以及对飞行器及运载工具的导航。GNSS的主要技术内容包括卫星系统和地面接收系统，能够定位、导航并获取高程信息。陈孜等（2022）将高精度北斗卫星导航系统引入膨胀土滑坡监测中，简化了设计监测模块和"共享电源"的设计，使其体积缩小了75％，并依据高精度抗干扰数据处理策略，实现了毫米级的实时监测精度。熊春宝等（2019）采用实时动态差分定位技术（RTK，real time kinematic）和加速度计对环境激励下天津富民桥进行监测试验，并采用提出的基于集合经验模态分解法与小波分解技术的联合降噪方法，对监测信号进行降噪处理，以提高仪器的测量精度。

3S技术集成是以RS、GIS、GNSS为基础，将三种独立的技术领域中的有关部分与其他高技术领域的有关部分有机地构成一个整体，从而形成一项新的综合技术，其通畅的信息流贯穿于信息获取、信息处理、信息应用全过程。3S技术集成以3S地学参数为基点，注重研究3S时空特征的兼容性、技术方法的互补性、应用目标的一致性、软件集成的可行性、数据结构的兼容性及数据库技术的支撑性等方面。

1.2.2 3S技术集成的特点

3S技术获取的信息具有实时性、准确性、便捷性、综合性等特点。而以RS、GIS和GNSS为核心技术的3S技术作为数字地球的核心技术已从各自独立发展进入相互融合、共同发展的阶段。3S技术整体集成应用广泛，相互之间取长补短，功能也更为强大。3S技术集成主要有以下几点优势：

（1）从数据获取到取得第一级产品的周期比传统技术缩短1~2个数量级。

（2）将信息获取、信息处理、信息应用有机地融为一体，将GNSS、RS和GIS等独立技术融合，形成组合技术系统。

（3）具备极强的多维分析能力及对多元综合分析的友好界面，提高了"定性"分析精度和自动化程度。

（4）具有高频率的监测能力和基于这类数据源的多种新技术。

（5）快速建立遥感技术（RS），提高地理信息系统（GIS）遥感信息更新能力和高动态分析决策能力。

（6）可形成空天地快速、准实时、实时的"技术系统"。

1.2.3 3S技术集成的模式

3S技术集成有多种方式，对地观测的3S技术集成系统是引入专家系统和现代通信技术，从而形成地理信息科学与工程。专家系统的引入将力求使数据采集、更新、分析和应用更加自动化和智能化。

（1）RS 与 GNSS 相结合。二者集成可用于自动定时数据采集、环境监测、环境灾害预警等方面。RS 用于实时地或准实时地提供目标及其环境的语义或非语义信息，发现地球表面上的各种变化。GNSS 主要被用于实时、快速地提供目标，包括各类传感器和运载平台（车、船、飞机、卫星等）的空间位置。

（2）RS 与 GIS 相结合。RS 是 GIS 重要的数据源和数据更新的手段，GIS 则是 RS 中数据处理的辅助信息，用于语义和非语义信息的自动提取。二者相结合，主要是运用 GIS 中的图形及其属性作为辅助数据对 RS 图像中的地物进行识别、信息提取。二者集成可用于土地利用动态监测、空间数据自动更新等。

（3）GIS 和 GNSS 相结合。这二者集成可用于环境动态监测、自动驾驶、环境管理等方面。GNSS 技术的广泛应用，特别是实时动态定位测量的实施，使得 GNSS 成为地面上实行 GIS 的前端数据采集的重要手段。GNSS 数据是数码数据，可以通过相应软件直接、自动进入 GIS，而不需要人工转换，因此可以有效提高数据的准确度与精确度。一旦建成 GIS，只需要在运动目标上安放 GNSS 接收机和通信设备，就可以在主控站监测到目标的具体位置，也可以在运动目标处了解到自身所处位置或相对周围环境的位置。例如：汽车、火车、飞机等运行调度 GIS 系统，在运输工具上安装 GNSS 后，一方面指挥中心实时知道各运输工具的运行轨迹，另一方面驾驶员也能即时知道自身所在的地面或空间位置。

总体来看，3S 技术集成将 RS、GNSS、GIS 三种对地观测新技术融为一个统一的有机体。就在集成体中的作用及地位而言，GIS 相当于人的大脑，对所得的信息加以管理和分析，RS 和 GNSS 相当于人的两只眼睛，负责获取海量信息及其空间定位。RS、GNSS 和 GIS 三者的有机结合，构成了整体上的实时动态对地观测、分析和应用的运行系统，为科学研究、政府管理、社会生产提供了新一代的观测手段、描述语言和思维工具。3S 技术 $\neq$ GNSS＋RS＋GIS。有些专家学者认为还应有数字摄影测量系统（DPS）和专家系统（ES）即"5S"，但不管是 3S 还是 5S，都应有现代通信技术和通信手段的参与，可见，3S 技术应等于（p_1GNSS＋p_2RS＋p_3GIS＋$\cdots$＋p_iRTK）（p_i 为权），这已经取得了统一性认识。3S 集成是必要的，也是可能的，3S 间两两结合是 3S 集成的低级和基础起步阶段，其中 RS 与 GIS 的结合是核心。3S 集成的方式可以在不同的技术水平上实现。低级阶段表现为互相调用一些功能来实现系统之间的联系，高级阶段表现为三者之间不只是相互调用功能，而是直接共同作用，形成有机的一体化系统，对数据进行动态更新，快速准确地获取定位信息，实现实时的现场查询和分析判断。目前，开发 3S 集成系统软件的技术方案一般采用栅格数据处理方式实现与 RS 的集成，使用动态矢量图层方式实现与 GIS 的集成。随着信息技术的飞速发展，3S 技术集成系统有一个从低级到高级的发展和完善过程，目前尚属起步阶段。

RS 与 GIS 集成，是 3S 集成中最重要的核心内容。RS 为 GIS 提供了稳定、可靠的数据源，而 GIS 可以为 RS 影像提供区域背景信息，提高其解译精度。GNSS 与 GIS 集成，是利用 GIS 中的电子地图结合 GNSS 的实时定位功能，为用户提供一种组合空间信息服务方式，GNSS 提供的是空间点动态绝对位置，而 GIS 给出的是地球表面地物的静态相对位置，二者在一个相同大地坐标系统下建立联系，GIS 系统可以使 GNSS 的定位数据在电子地图上获得实时、准确、形象的展示和漫游查询，GNSS 可以为 GIS 系统快速采集、更新和修正数据。GNSS 与 RS 集成主要是利用 GNSS 的精确定位功能来解决 RS 定位困难的问题，RS 与 GNSS 的集成可采用同步方式或非同步方式。

GIS、RS、GNSS 三者集成可以构成高度自动化、实时化和智能化的地理信息系统。运用这种系统不仅能够分析和使用数据，而且能为各种应用、复杂问题提供科学依据和解决方法。在 3S 整体集成中，以 GIS 为中心的集成方式主要是非同步数据处理，把 GIS 作为集成系统的中心平台，对 RS 和 GNSS 在内的多种空间数据来源进行综合处理、动态存储和集成管理，数据、数据处理平台和功能三个层次的集成，可以看作是 RS 与 GIS 集成的一种扩展。以 GNSS/RS 为中心的集成方式，把同步数据处理当作目的，利用 RS 和 GNSS 提供的实时动态空间信息，再结合 GIS 的空间数据库和综合分析功能，为动态管理、实时决策提供在线支持服务，该模式要求多种信息采集和处理平台的集成，同时需要实时通信支持，实现的代价比较高。

尽管 3S 集成获得了广泛的应用，但仍有许多尚未彻底解决的问题，在对 3S 集成及其关键技术的理解上也存在不同的意见。典型观点认为 3S 集成需要解决的关键问题是：①系统的实时空间定位；②系统的一体化数据管理；③语义和非语义信息的自动提取理论方法；④基于 GIS 的航空、航天遥感影像的全数字化智能系统及对 GIS 数据库快速更新的方法；⑤可视化技术理论与方法；⑥系统中数据通信与交换；⑦系统设计的方法及计算机辅助软件工程（computer aided software engineering，CASE）工具的研究；⑧系统中基于客户机/服务器的分布式网络集成环境。3S 集成仍有诸多缺陷，如光谱和空间数据时间性不一致，没有封装独立数据的方法和技术，受制于计算机、空间、通信、电子、材料技术的发展等，所以，把 3S 这三种技术集成在一起是非常迫

切的事情。科学技术的快速发展，特别是 3S 技术的发展进步，一定会为解决
3S 集成问题提供更好的解决方法。

1.2.4 3S 技术集成的应用

3S 的综合应用是一种充分利用各自的技术特点，快速准确而又经济地为
人们提供所需要的相关信息的新技术。其基本思想是利用 RS 提供最新的图像
信息，利用 GNSS 提供图像信息中的"骨架"位置信息，利用 GIS 为图像处
理、分析应用提供技术手段，三者紧密结合，可为用户提供精确的基础资料
（图件和数据）。

3S 集成包括以 GIS 为中心和以 GNSS/RS 为中心两种集成方式。前者的
目的主要是非同步数据处理，通过利用 GIS 作为集成系统的中心平台，对包
括 RS 和 GNSS 在内的多种来源的空间数据进行综合处理、动态存储和集成管
理，存在着数据、平台（数据处理平台）和功能三个集成层次，可以认为是
RS 与 GIS 集成的一种扩充。后者以同步数据处理为目的，RS 和 GNSS 提供
的实时动态空间信息，结合 GIS 的数据库和分析功能，为动态管理、实时决
策提供在线空间信息支持服务；该模式要求多种信息采集和信息处理平台集
成，同时需要实时通信支持，故实现的代价较高。加拿大的车载 3S 集成系统
（VISAT）和美国的机载/星载 3S 集成系统是后一种集成模式比较成功的两个
实例。

由于 RS、GIS 和 GNSS 在功能上的互补性，各种集成方案通过不同的组
合取长补短，不仅能充分发挥其各自的优势，而且能够产生许多新的功能。如
果说 RS、GIS 和 GNSS 三种技术的单独应用提高了空间数据获取和处理的精
度、速度和效率，那么 3S 集成除了在以上三方面更进一步以外，其优势还在
于其动态性、灵活性和自动化等方面。

动态性是指数据源与现实世界的同步性、不同数据源之间的同步性以及数
据获取与数据处理的同步性。灵活性是指用户可以根据不同的应用目的来决定
相应数据采集和数据处理，建立二者之间的联系及反馈机制，从而以最恰当的
方式完成指定的任务。自动化是指集成系统能够自动完成从数据采集到数据处
理的各个环节，不需要人工干预。这三种优势不同程度地反映在各种具体的集
成模式中。3S 集成已经在测绘制图、环境监测、战场指挥、救灾抢险、公安
消防、交通管理、精细农业、地学研究、资源清查、国土整治、城市规划和空
间决策等一系列领域获得了广泛的应用。可以肯定，在未来其应用领域还将进
一步拓展。但无论其应用领域如何广泛，也无论其应用领域在未来如何拓展，
3S 集成本质上是三种对地观测技术的集成，它所能提供的是不同层次的空间

信息服务，服务内容会随具体的应用场合不同而改变，但不会超出以下五个层次的组合：

（1）直接信息服务，包括原始 RS 影像、GNSS 定位信息和 GIS 数据库中存储的信息。

（2）复合信息服务，包括带有 RS 影像或地图背景的解算好的 GNSS 定位信息，经过处理的带有地学编码的遥感影像，或同时包含 RS 和 GIS 信息的影像地图。

（3）查询信息服务，包括从空间位置到空间属性的双向查询以及二者的联合查询，此处空间位置可由 RS、GIS 或 GNSS 任意一种方式指定。

（4）计算信息服务，包括由 GIS 计算所得的空间目标本身的长度、面积、体积及其相互之间的距离和空间关系等。

（5）复杂信息服务，包括利用空间分析和模型得到的各种结果，如最短路径或交通堵塞时的替代路线，污染物泄漏或管线断裂影响范围，自然灾害灾情实时估算等。

显然，上述五种信息的实时或非实时组合可以应用但不限于上文所提到的领域。

1.3　水利水电工程 3S 技术集成

RS、GNSS 和 GIS 在水利水电工程中的广泛应用，使水利水电工程的规划设计、施工建设和运行维护工作从传统的定性分析发展为定性、定量和定位分析，从单一要素分析过渡到多要素、多变量综合分析，从静态分析发展到动态研究，极大地推动了水利水电工程的发展。

1.3.1　3S 技术集成在水质监测中的应用

3S 技术集成的应用不仅在空间上大大扩展了水质监测的范围，不仅使监测的效率得到提高，而且也在时间上扩展了环境监测的维度，实现大范围水域的在线监测。与常规的河道水质监测方式不同，3S 技术集成辅助下的监测方式为多处设立定点监测点，对水质进行抽样检测，通过实地观测、实测等方式，可以真实地体现出所监控河道的微观水质特点。GPS 即时提供目标地点的物理坐标和地形等数据。RS 能够对遥感影像进行分析和建模，利用 GIS 的海量空间信息存储和处理技术，构建实时的监测、管理和决策体系，提高对环境质量的快速响应能力。此外，在 GPS 基础上还配备了北斗定位系统，使运行更加安全可靠。

1.3.2　3S 技术集成在环境影响评价中的应用

3S 技术集成在环境影响评价研究中的广泛应用，打破了以往环境影响评价只能依靠实地勘查的困局，为环境影响评价带来了技术的革新，创新了分析思路。通过卫星遥感、航空遥感等方式获取的图像，能够快速有效地获取大范围区域内如植被类型及分布、土地利用类型及面积、土壤类型及水分特征、生物量分布等常用的信息，在节省了人力物力的同时，也有利于后续对环境影响评价对象有关景观指标的定量分析，完善与丰富了环境影响评价的内容。

1.3.3　3S 技术集成在防汛抗旱中的应用

利用 3S 技术集成对洪水数据进行分析和管理，便于救灾人员在发生洪涝灾害时，快速、准确获取灾害区域的相关信息，通过 GNSS 和 RS 的集成应用，能够有效获取相关数据信息。而 GNSS 和 GIS 的集成应用，能够有效获取并管理空间数据，为系统后期的更新与维护工作提供一定的技术支持。通过使用 GIS 强大的空间信息显示功能，能够实现空间信息的可视化，并对较为复杂的受灾区域的地理情况进行分析决策，从而制定出最适合的抢险指挥调度方案。

总之，RS、GNSS 和 GIS 各自发挥着自己特定的作用和功能，使三者在一个有序、协调的有机整体中运行，进而从整体上解决水利水电工程中的实际问题。

第 2 章

HydroBIM – 3S 技术集成综述

2.1 HydroBIM – 3S 技术集成概述

2.1.1 3S 技术介绍

3S 技术的内涵主要是指以计算机技术为核心的面向网络的遥感技术（RS）、地理信息系统（GIS）、全球导航卫星系统（GNSS）所组成的综合技术体系，简称为 3S 技术。李德仁等认为，GNSS 技术、RS 技术和 GIS 技术相结合，再加上现代通信技术，将会大大改变空间数据的获取、存储、更新和使用的方式，使之成为一门现代空间信息科学和技术，而更广泛地应用于地球科学、环境科学、空间科学，成为人们生活和社会持续发展必不可少的技术工具。

2.1.1.1 遥感技术（RS）

对于建立三维地表模型而言，其首要的任务就是获取地表环境的描述信息。这些信息主要包括描述地形和地物空间位置的几何信息，以及描述地表真实覆盖情况的纹理影像信息等。日新月异的遥感技术和数字摄影测量技术为快速准确获取这些信息提供了前所未有的方法和可靠的保证。

遥感，意为遥远地感知事物。遥感技术的突出特点是周期性、宏观性、实用性和综合性。具体而言，遥感是从地面以上一定距离的高空或外层空间（几公里、几百公里甚至上千公里）的各种运载工具（遥感平台）上，利用可见光、红外、微波等光学、电子和电子光学的电磁波探测仪器或传感器，通过摄影或扫描，接收从物体辐射、反射和散射的电磁波信号，以图像胶片和数据磁带记录下来，传送到地面站，经过加工，从中提取对了解地物和现象有用的信息，再结合地面物体的光谱特性，识别和研究地面物体的种类、性质、形状、大小、位置及其与环境的相互关系和变化规律的现代科学技术。在遥感过程中，遥感系统本身并不直接触及所研究的客体或现象。通常就把这一整体地接收、传输、处理分析判读遥感信息的过程统称为遥感技术。遥感技术系统主要由遥感平台（飞机、卫星等）、遥感仪器、图像接收处理、分析判读应用四个部分组成。各种研究和应用都是围绕着这四部分展开的。

世界上许多国家都投入了大量的人力、物力和财力，致力于遥感技术的研究和应用并取得了可喜的突破。

遥感传感器的发展趋势是：①增加应用波段；②提高地面分辨率；③具有获得立体像对的功能；④改进探测器性能或探测器器件；⑤提高图像数据精度；⑥应用领域纵向发展。

信息资源将会像水资源、能源一样成为人类活动不可缺少的组成部分。对地观测系统将发展并进入信息系统工程的新阶段，即不再只是依赖单星提供遥感信息资源，而是以系列卫星和多种传感器组合为主体的对地观测网，多平台、全天候、多波段，形成不间断的信息流，覆盖全球；不同行业各取所需，选择其中某一领域的有效信息，并在地理信息系统空间数据库与统计数据库的支持下进行综合分析与计算机的辅助制图。

目前，随着 GIS 技术的应用和发展，遥感图像和数据已成为地理信息系统的重要信息源，遥感信息技术今后将主要研究遥感信息形成的波谱、空间、时间及地学规律，研究遥感信息在地球表面的传输和再现规律，同时还将为资源环境持续利用与管理提供重要信息资料。

1. 遥感的基本原理

振动的传播称为波。电磁振动的传播是电磁波。电磁波的波段按波长由短至长依次分为 γ 射线、X 射线、紫外线、可见光、红外线、微波和无线电波。电磁波的波长越短，其穿透性越强。遥感探测所使用的电磁波波段是从紫外线、可见光、红外线到微波的光谱段。太阳作为电磁辐射源，它所发出的光也是一种电磁波。太阳光从宇宙空间到达地球表面须穿过地球的大气层。太阳光在穿过大气层时，会受到大气层对太阳光的吸收和散射影响，因而使透过大气层的太阳光能量衰减。大气层对太阳光的吸收和散射影响随太阳光的波长而变化，通常把太阳光透过大气层时透过率较高的光谱段称为大气窗口。大气窗口的光谱段主要有紫外、可见光和近红外波段。地面上的任何物体即目标物，如大气、土地、水体、植被和人工构筑物等，在温度高于绝对零度的条件下，都具有反射、吸收、透射及辐射电磁波的特性。当太阳光从宇宙空间经大气层照射到地球表面时，地面上的物体就会对由太阳光所构成的电磁波产生反射和吸收。由于每一种物体的物理和化学特性以及入射光的波长不同，它们对入射光的反射率也不同。各种物体对入射光反射的规律叫作物体的反射光谱。遥感探测是将遥感仪器接收到的目标物的电磁波信息进行处理和分析研究，从而对地面的物体进行识别和分类。

2. 遥感的技术特点

现代遥感史以 20 世纪 60 年代末人类首次登上月球为重要里程碑。随后，美国宇航局、欧洲空间局和一些国家，如加拿大、日本、印度和中国，先后建立了各自的遥感系统。所有这些系统已提供了大量从太空向地球观测而获取的有价值的数据和图片。多年来，随着人们对遥感技术的深入研究，特别是与其他高新技术（包括 GNSS、GIS、虚拟现实技术、网络技术和多媒体技术等）的结合，遥感技术取得了重大进展。随着信息技术和传感器技术的飞速发展，卫星遥感影像分辨率有了很大提高，包括光谱分辨率、空间分辨率和时间分辨率。

（1）光谱分辨率指成像的波段范围，分得愈细，波段愈多，光谱分辨率就愈高。在光谱探测方面，成像光谱仪的出现使每个波段的范围变得越来越窄，现在的技术可以达到 5～6nm 量级，多波段可以有效地反映出地物的真实谱貌，提高自动区分和识别目标性质和组成成分的能力。

（2）空间分辨率指影像上所能看到的地面最小目标尺寸，用像元在地面的大小来表示。民用遥感传感器的空间分辨率已达到 0.5m 左右。1999 年 9 月，美国空间成像公司成功发射载有 Ikonos 传感器的小卫星，能够提供 1m 的全色波段和 4m 的多光谱波段，是世界上第一颗商用 1m 分辨率的遥感卫星。目前卫星遥感图像（如 WorldView - 4 图像）的空间分辨率可达 0.31m。

（3）时间分辨率指重访周期的长短，目前一般对地观测卫星为 15～25 天的重访周期。通过发射合理分布的卫星星座可以 3～5 天观测地球一次。

3. 遥感技术的发展

当代遥感技术的发展主要表现在多传感器、高分辨率和多时相等技术及特征：

（1）多传感器技术。当代遥感技术已能全面覆盖大气窗口的所有部分。光学遥感可包含可见光、近红外和短波红外区域。热红外遥感的波长为 8～14μm。微波遥感观测目标物电磁波的辐射和散射，可分为被动微波遥感和主动微波遥感，波长范围从 1mm 到 100cm。

（2）遥感的高分辨率特征。体现在空间分辨率、光谱分辨率和温度分辨率三个方面。长线阵成像扫描仪可以达到 1～2m 的空间分辨率，成像光谱仪的光谱细分可以达到 5～6nm 的水平。热红外辐射计的温度分辨率可从 0.5K 提高到 0.3K 乃至 0.1K。

（3）遥感的多时相特征。随着小卫星群计划的推行，可以用多颗小卫星，实现每一天对地表重复一次采样，获得高分辨率成像光谱仪数据。多波段、多极化方式的雷达卫星，将能解决阴雨多雾情况下的全天候和全天时对地观测。卫星遥感与机载和车载遥感技术的有机结合，是实现多时相遥感数据获取的有力保证。

近年来，遥感技术广泛应用于资源环境、气象、防灾减灾、道路工程勘测等领域，遥感信息的应用分析已从单一遥感资料向多时相、多数据源的融合与分析，从静态分析向动态监测过渡，从对资源与环境的定性调查向计算机辅助的定量自动制图过渡，从对各种现象的表面描述向软件分析和计量探索过渡。航空遥感具有快速机动性和高分辨率，这种显著特点使航空遥感成为遥感发展的重要方面。

2.1.1.2　地理信息系统（GIS）

GIS 作为计算机科学、地理学、测量学、地图学等多门学科综合的一种边缘性学科，其发展与其他学科的发展密切相关。近年来 GIS 技术发展迅速，其主要的源动力来自日益广泛的应用领域对地理信息系统要求的不断提高。计算机科学的飞速发展为地理信息系统提供了先进的工具和手段。许多计算机领域的新技术，如 Internet 技术、面向对象的数据库技术、三维技术、图像处理和人工智能技术都可直接应用到 GIS 中。

目前，GIS 的应用已遍及与地理空间有关的领域，从全球的地理信息变化、持续发展到城市交通、公共设施规划及建筑选址，地产策划等方面，地理信息系统技术正深刻地影响甚至改变这些领域的研究方法及动作机制。在未来的应用中，地理信息系统的发展趋势主要有以下几个方面：①空间数据库趋向图形、影像和库一体化和面向对象；②空间数据表达趋向多比例尺、多尺度、动态多维和实时三维可视化；③空间分析和辅助决策智能化需要利用数据挖掘方法从空间数据库和属性数据库中发现更多的有用知识；④通过服务器和互联网，推进数据库和交互操作的研究及地学信息服务事业；⑤地理信息科学的研究有望在 21 世纪内形成较完整的理论框架体系。

GIS 是对空间信息进行输入、存储、管理，然后分析应用与结果输出的计算机系统。具体而言，GIS 是在计算机软件和硬件的支持下，运用系统工程和信息科学的理论，科学管理和综合分析具有空间内涵的地理数据，以提供对规划、管理、决策和研究所需信息的技术支持系统，它的主要特征在于其强大的空间分析和辅助决策功能。

计算机技术的发展开创了一个崭新的信息时代，在计算机基础上发展起来的 GIS 是一个高新技术手段：GIS 具有强大的空间数据分析能力，能同时分析多个空间因子，进行多因子空间数据的叠加处理，创造新的信息；GIS也能对来自多个不同时间的数据进行分析，获得动态变化信息；GIS建立起的数字高程模型（DEM）可方便地进行三维立体分析，并进一步衍生出坡度图和坡向图。

随着信息社会的到来，社会信息激增，对空间数据的数量和质量都有更高的要求。顺应时代要求，GIS已经朝着网络化方面发展，并重点开展以下工作：开放式GIS的研究、GIS功能组件的研究、基于万维网的GIS的研究。

世界各国利用RS技术与GIS技术进行了大量的、富有成效的资源环境调查工作：作物估产、土地覆盖类型监测、水土流失监测、土地利用、病虫害预测预报等。

2.1.1.3 全球导航卫星系统（GNSS）

GNSS定位利用的是一组卫星的伪距、星历、卫星发射时间等观测量，同时还必须知道用户钟差。GNSS能在地球表面或近地空间的任何地点为用户提供全天候的三维坐标和速度以及时间信息，是空基无线电导航定位系统。卫星导航定位技术目前已基本取代了地基无线电导航、传统大地测量和天文测量导航定位技术，并推动了大地测量与导航定位领域的全新发展。当今，GNSS系统不仅是国家安全和经济的基础设施，也是国家现代化水平和综合国力的重要体现。由于其在政治、经济、军事等方面具有重要的意义，世界主要军事大国和经济体都在竞相发展独立自主的卫星导航系统。2007年4月14日，我国成功发射了第一颗北斗卫星，标志着世界上第四个GNSS系统进入实质性的运作阶段。估计到2023年前，美国GPS、俄罗斯GLONASS、欧盟GALILEO和中国北斗卫星导航系统这四大GNSS系统将逐步完成现代化改造。除了上述四大系统外，还包括区域系统和增强系统，其中区域系统有日本的QZSS和印度的IRNSS，增强系统有美国的WAAS、日本的MSAS、欧盟的EGNOS、印度的GAGAN以及尼日利亚的NIG-COMSAT-1等。未来，卫星导航系统将进入一个全新的阶段。用户将面临四大全球系统近百颗导航卫星并存且相互兼容的局面。全球卫星导航系统技术现广泛应用于农业、林业、水利、交通、航空、测绘、军事、电力、通信、城市管理等部门。

GNSS的基本原理是：卫星不间断地发送自身的星历参数和时间信息，用户接收到这些信息后，经过计算求出接收机的三维位置、三维方向、运动速度和时间信息。GNSS接收机可接收到用于授时的准确至纳秒级的时间信息，用于预报未来几个月内卫星所处概略位置的预报星历，用于计算定位时所需卫星坐标的广播星历，精度为几米至几十米（各个卫星不同，随时变化）。GNSS

接收机对收到的卫星信号进行解码，或采用其他技术，将调制在载波上的信息去掉后，就可以恢复载波。在 GNSS 观测量中包含了卫星和接收机的钟差、大气传播延迟、多路径效应等误差，在定位计算时还要受到卫星广播星历误差的影响。在进行相对定位时大部分公共误差被抵消或削弱，因此定位精度将大大提高。双频接收机可以根据两个频率的观测量抵消大气中电离层误差的主要部分。在精度要求高、接收机间距离较远时（大气有明显差别），应选用双频接收机。目前，GNSS 已经能够达到地壳形变观测的精度要求，国际 GNSS 服务的常年观测台站已经能构成毫米级的全球坐标框架。

2.1.2 HydroBIM - 3S 技术集成特点

经过改革开放以来 40 多年的建设和发展，我国水利水电工程建设如火如荼，在大量工程实践的基础上，积累形成的 HydroBIM 技术体系为水利水电工程的现代化建设提供了全方位的支撑。水利水电工程的实施本质上是一种多学科协同作业的过程，在协同的过程中各学科不断深入交叉融合。测绘学科也从单一学科走向多学科的交叉应用。HydroBIM - 3S 技术集成已扩展到与空间分布信息有关的众多领域，传统水利水电工程测量已演变成为包括全球导航卫星系统、航天航空遥感、地理信息系统、网络与通信等多种科技手段的测绘与地理信息学科。在云计算、物联网、移动互联、大数据等高新技术与 3S 技术不断融合的情况下，HydroBIM - 3S 技术集成更加注重于数据获取实时化、数据处理自动化、信息服务网络化、形成产品知识化、内容应用社会化。在水利水电工程的实现方面，测绘学科从提供数据资料逐渐转化为提供 3S 集成服务，从辅助专业逐步转化为主要专业，从过程参与逐步转化为全生命周期参与，从单学科应用到多学科复合应用。在水利水电工程建设的过程中，HydroBIM - 3S 技术集成具有以下技术特点。

2.1.2.1 基础性

HydroBIM - 3S 技术集成的三维可视化能力对水利水电工程建设涉及的众多学科均具有使用价值。例如，在水利水电工程可研阶段，利用 3S 技术集成构建流域空间基础平台，可进行水利水电工程选址、方案评估等；设计阶段，可在三维虚拟场景中进行枢纽布置，优化调整设计方案，模拟施工进度等；施工阶段，根据三维场景进行场地布置和施工管理等；完工后，可利用 3S 技术集成对工程进行管理。从空间范围而言，HydroBIM - 3S 技术集成的基础性体现在，相比其他学科，3S 技术集成的研究对象范围更大，对水利水电工程具有宏观上的应用意义。

2.1.2.2　融合性

3S 技术集成是在多学科交叉融合的基础上发展的。在水利水电工程中，多学科融合的趋势更加明显。随着数据采集手段的不断发展，以"海、陆、空、天"为代表的多源数据采集系统具备高效率的数据采集手段，数据融合应用一度成为制约其发展的瓶颈，而 3S 技术集成正是解决这一问题的有力手段。3S 技术实现了对水利水电工程涉及的多源空间异构数据的有效整合处理，进而形成满足工程建设所需的各类数据。此外，3S 集成应用不仅仅局限于测绘范畴下的学科与技术融合，更注重于各类传统工程技术的融合，如 CAD/CAE 集成应用技术、乏信息勘察设计技术、基于云 GIS 的水利水电工程综合服务技术等。

2.1.2.3　全局性

由于对空间信息有着独到的管理应用能力，3S 技术集成为所有水利水电工程建设涉及的空间信息数据提供参考基准，这是参建各专业进行协同的基本条件。在水利水电工程建设过程中，对空间尺度的要求随着各专业研究对象的变化而有很大不同，对于数据需求又有很多相似性，3S 技术集成可在统一虚拟参考空间中，为各专业提供多级尺度的数据服务，在满足各专业需求的情况下，又将其成果整合在统一平台中，进而可全面掌控水利水电工程建设各阶段。

2.1.3　HydroBIM - 3S 技术集成在水利水电工程中的应用领域

2.1.3.1　空间基准

作为一种在三维空间中进行实践的科学技术，水利水电工程建设过程与空间地理位置密切相关，所涉及的各类数据均具有空间位置属性。由于水利水电工程建设各专业具有高度分化的专业特性，其在水利水电工程建设过程中数据获取渠道、专业应用工具千差万别，因此，形成的各类专业数据成果也具有不同的空间位置基准，为 HydroBIM 综合平台的实现带来了较大的困难。HydroBIM - 3S 技术集成的重要功能之一，就是在专业工程师的主导下，实现各设计专业初始数据成果的空间基准统一，并在工作开展过程中持续维护，保证 HydroBIM 综合平台所涉及的各类空间数据处于同一空间基准中，从而实现数据的空间整合。

2.1.3.2 三维可视化平台

利用 3S 技术集成形成的三维 GIS 可视化平台，为 HydroBIM 综合平台涉及的各类专业数据提供展示功能，将水利水电工程设计示意图与成果在虚拟三维环境中直观展示，实时反映现实世界中的各类资源分布状况，实现三维设计成果与现实世界的统一。有别于三维 BIM 设计的精细化展示，HydroBIM - 3S 技术集成所提供的是针对工程项目的宏观展示平台。例如：在水利水电工程规划阶段，规划工程师可在三维可视化场景中，根据流域信息对水利水电工程进行选址，进一步开展概念设计等；在详细设计阶段，可为各专业工程师提供基础地理信息，辅助完成重大工程的详细设计，并在设计成果的基础上进行集成展示；在工程建设阶段，可在三维可视化平台中模拟施工进度，展示施工资源分布状态等；在工程运营管理阶段，集成展示工程安全监测信息和工程运行信息等。

2.1.3.3 信息集成与共享

HydroBIM - 3S 技术集成在集成基础地理信息数据的条件下，还需要对水利水电工程所涉及的各类设计成果进行集成并提供各类数据的共享。水利水电工程建设过程涉及的数据种类众多，工期时间较长，数据量特别大，具有多源异构长时期海量数据的特点。为保证 HydroBIM 综合平台的顺利实施，信息数据集成与共享是至关重要的环节，而对于信息数据的集成与共享，则是 GIS 的强项，基于 HydroBIM - 3S 技术集成的多源异构信息数据集成与共享平台，在海量基础地理信息数据集成的基础上，融合各三维设计专业的设计成果数据及水利水电工程全生命周期相关的空间数据，为参建各方提供了信息集成与共享服务。

2.1.3.4 空间分析与应用

在水利水电工程建设的过程中，HydroBIM - 3S 技术集成的又一优势在于对各类空间数据提供的空间分析与应用功能。空间分析是 GIS 的核心和灵魂，也是三维可视化 GIS 平台区别于其他三维可视化平台的主要标志之一。配合水利水电工程所涉及的空间数据属性和空间模型的联系，分析并挖掘空间目标的潜在信息（包括空间位置、分布、形态、方位、拓扑关系等），作为数据组织、查询、分析和推理的基础，在水利水电工程建设过程中进行许多特定任务的空间计算与分析，如淹没区域分析、库容曲线绘制、安全监测可视区域分析、施工总布置选址优化等。

2.1.3.5　水利水电工程数据挖掘

在长时间的水利水电工程建设过程中，积累了大量的建设数据。随着各类传感器的普及与水利水电工程建设手段的提高，从勘察设计到后期运维阶段，每一个水利水电工程项目都在不断地产生新的数据。传统的数据管理与应用手段，已经无法满足日新月异的水利水电工程数据应用需求，在海量水利水电工程数据组织关系与共享服务的基础上，针对水利水电工程的业务需求，HydroBIM － 3S 技术集成实现了系列数据挖掘任务，如根据历年水文观测数据计算洪峰分布情况，利用动植物分布数据建立物种繁衍模型以制定水利水电工程环境保护措施，采集施工环境量变化数据以优化施工作业计划等。

2.1.3.6　地理空间数据更新与维护

水利水电工程周期长，在以往建设过程中，决策所依据的基础数据往往存在滞后性、多版本性等问题，给水利水电工程的建设带来风险且引发了各种问题，因此，各类数据的现势性、统一性尤为重要。针对此现状，HydroBIM － 3S 技术集成建立了水利水电工程全生命周期地理空间数据更新与维护机制，针对不同的水利水电工程建立相应的数据库，以水利水电工程业务流程为主线，采用专业工程师负责制的方式，对水利水电工程全生命周期地理空间数据进行维护更新，以满足当前水利水电工程建设过程中的动态决策需求；配合更新与维护机制，实现各设计专业在工作开展过程中，任意时间、任意空间条件下，所面对的地理空间数据均为统一数据，保障了多专业协同设计的实现。

2.1.3.7　基于云 GIS 的水利水电工程全周期数据服务

在传统水利水电工程建设过程中，涉及各阶段的空间数据一般服务于不同的专业，在建设过程中并未对其进行有效的组织和管理，数据的维护与共享也由责任方单独进行，只有在专业协同时进行提供。这种孤立的数据应用方式对水利水电工程建设而言存在很多弊端。云 GIS 平台是 HydroBIM － 3S 技术集成中的核心内容，是水利水电工程数据集成与管理的具体实现方式，在对 HydroBIM 综合平台所涉及各类空间异构水利水电工程数据进行整合的基础上，可为参建各方提供全周期、全过程的云数据服务。在水利水电工程开发建设完成后，平台仍然可以沿用至水利水电工程运维管理过程中。

2.2 水利水电工程全生命周期的 HydroBIM‐3S 技术集成

2.2.1 基于开源数据的水利水电工程勘察设计

1. 地震地质资料采集

从国内外权威网站下载历史地震记录数据，可根据工程规模及不同行业需求任意选择搜索空间范围、时间范围及震级范围内的历史地震记录点，记录数据涵盖震中地理坐标、震级、震源深度、发震日期及时间等。主要控震构造活动性的遥感地质解译。下载适合构造解译光谱范围的高精度、多光谱遥感影像和地形数据，搭建三维场景和地质信息数据库，从火山、地震及热泉活跃程度，断裂与晚更新世地层交切关系，水系折转特征，第四系地貌排列特征及影像色调特征等诸多方面开展遥感地质解译工作，为主要控震构造活动性的判断提供间接或直接依据。

2. 区域地质资料收集

区域地质资料主要采用两种方式收集：①网络收集，即与国外大型地形地质资料网站合作收集地质资料，同时亦可登录国外相关地质调查部门网站，购买所需要的区域地质图及相关报告等；②涉外渠道收集，即通过中国政府驻外机构、企业驻外机构等，协调当地关系，结合网络信息技术明确需求资料，通过工程属地的员工购买等。

3. 区域或国家地质行业协会（学会）定期公告或年鉴资料收集

积极参加不同区域或国家定期召开的地质行业协会（学会）会议，了解最新行业动态和要求，收集相关定期公告或年鉴资料。社会影响评价资料有以下两个方面：

（1）数据获取。社会经济统计资料包括各级政府定期发布的社会经济统计年报和农业调查部门公布的统计年报。充分利用现有的政府信息公开系统，收集基础社会经济信息。根据测绘专业收集整理的基础地理信息资料，提取建设征地范围内的主要实物指标，分析建设征地和移民安置对区域社会经济影响程度。现场开展必要的抽样调查，对区域的种植模式、产量、基础单价、换算系数等进行复核、落实。

（2）基础资料的应用。根据收集分析的基础资料，开展社会影响评价主要工作：进行移民、城市集镇、专业项目等对象的处理措施初步规划和方案分析论证，进行技术、经济分析比较，完成社会影响评价费用概（估）算，编制完成相关专题报告，满足报批需要。

根据基础资料，完成敏感对象分布研究，建立相关展示系统，为成果展示和汇报提供基础数据。

2.2.2 水利水电工程全生命周期 3S 集成平台

在大量水利水电工程 3S 技术集成实践的经验基础上，围绕具体水利水电工程项目建设过程中各环节的业务需求，建立水利水电工程全生命周期 3S 集成平台，为水利水电工程建设的各方面进行技术支撑。

按服务目的划分，水利水电工程全生命周期 3S 集成平台可分为三个层次，分别为：数据采集层、数据云服务平台、水利水电工程 3S 集成应用平台。

2.2.2.1 数据采集层

以倾斜摄影测量技术、三维激光扫描技术、一体化移动测量技术、连续运行参考站（continuously operating reference stations，CORS）、水下多波束扫描仪和无人机低空航摄系统等先进的测绘技术手段为基础，采集建设过程中的相关数据并进行处理，在为参建各方提供常规测绘产品的条件下，收集各类 3S 集成应用过程数据和专业数据，并根据数据规范进行质量检查。

在水利水电工程建设过程中，施工测量控制网是再现设计方案、精确指挥施工必不可少的基础资料，是工程施工放样、实地标定建筑物主轴线、辅助轴线、细部点坐标、高程、方位及隧洞贯通的主要依据，因此施工测量控制网的布设及建立是水利水电工程建设实施的第一步；在建立之后，需要定期进行复测维护，以保障空间基准的可靠性。

为方便工程施工期间的施工放样、测量收方、原始地面线测量、现场定位等工作的开展，在施工测量控制网建立的基础上，在全工区建立 CORS，为工区内定位提供服务。CORS 可以不断接收 GNSS 卫星信号，并将当地区域的差分数据通过网络发布到移动站，从而达到实时精密定位的目的。

北斗卫星 CORS 服务系统兼容 GPS 及 GLONASS 星座，是利用连续运行的 GNSS 参考站的观测信息，通过 GPRS/CDMA 实时发送差分改正数，修正用户的观测值精度，在有效范围内实现移动用户的高精度定位。它集 Internet 技术、无线通信技术、计算机网络管理技术和 GNSS 定位技术于一体，比传统控制测量更快更省时更方便。其定位原理如图 2.2-1 所示。

CORS 参考系统的建立，可以满足大部分工程施工放样、收方测量等工作的需求。在建成后，通过运用相应的数据管理软件进行管理，对 CORS 所观测的数据进行解算，并实时发送差分信号对工区内进行作业的 GNSS 接收机进行差分改正，CORS 系统的管理软件可以提供权限管理机制，选择性地向被

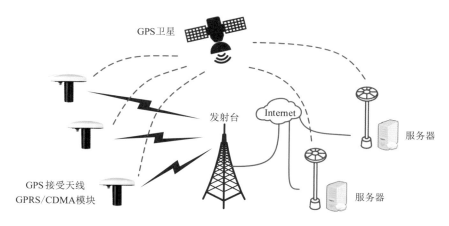

图 2.2 - 1   CORS 系统定位原理

授权的用户发送差分信号。

　　获取权限的参建各方用户只要使用支持 GNSS 的接收机设备，均可以从 CORS 网络中获取差分信号，进行实时定位测量。

　　在水利水电工程各类开挖、浇筑工作开展前，参建各方需要对目标施工区域内原始地形（含水下地形）、开挖断面、浇筑体型断面、竣工地形图（断面）等进行测量，地形及断面测量的精度控制是测量外业工作的重点，其中数据采集的密度、方法、采集点的选择是关键。

　　在水利水电工程全生命周期 3S 集成平台的实施过程中，地形及断面测量通常采用以下几种方法。

　　1. 倾斜摄影测量技术

　　倾斜摄影测量技术是国际摄影测量领域近十几年发展起来的一项高新技术。该技术通过从一个垂直和四个倾斜共五个不同的视角同步采集影像（图 2.2 - 2），获取到丰富的建筑物顶面及侧视的高分辨率纹理。它不仅能够真实地反映地物情况，高精度地获取地物纹理信息，还可通过先进的定位、融合、建模等技术，生成真实的三维城市模型。该技术已经广泛应用于应急指挥、国土安全、城市管理、房产税收等行业。

　　传统三维建模通常使用 3ds Max、AutoCAD 等建模软件，基于影像数据、CAD 平面图或者拍摄图片，估算建筑物轮廓与高度等信息，进行人工建模。这种方式制作出的模型数据精度较低，纹理与实际效果偏差较大，并且生产过程需要大量的人工参与；同时数据制作周期较长，数据的时效性较低，因而无法真正满足用户需要。

　　倾斜摄影测量技术以大范围、高精度、高清晰的方式全面感知复杂场景，通过高效的数据采集设备及专业的数据处理流程生成的数据成果直观反映地物

图 2.2-2 倾斜摄影

的外观、位置、高度等属性，为真实效果和测绘级精度提供保证；同时，有效提升模型的生产效率，采用人工建模方式 1～2 年才能完成的一个中小城市建模工作，通过倾斜摄影建模方式只需要 3～5 个月时间即可完成，大大降低了三维模型数据采集的经济代价和时间代价。目前，国内外已广泛开展倾斜摄影测量技术的应用，倾斜摄影建模数据也逐渐成为城市空间数据框架的重要内容。倾斜摄影五镜头如图 2.2-3 所示。

图 2.2-3 倾斜摄影五镜头

2. 三维激光扫描测量

三维激光扫描测量是集光、机、电和计算机技术于一体的高新技术，主要用于对物体空间外形和结构及色彩进行扫描，以获得物体表面的空间坐标；能实现非接触测量，测量结果能直接通过接口输入 CAD（计算机辅助设计）、CAM（计算机辅助制造）、CIMS（计算机集成制造）等系统，具有速度快、精度高的优点。

将三维扫描技术生成的点云模型与土建 BIM 模型进行对比，指导调整土建模型，从而还原现场实际尺寸，更好指导现场测量和材料下单工作，缩短了工期，提高了工效。三维扫描技术可用于造型复杂的分部分项工程，也可用于装饰工程全过程各个阶段的施工质量精度检验工作。

三维激光扫描仪高速旋转的反光镜将激光发射器发射出的激光点向四周以每秒 N 点的速度（可设置）发射，光点在碰到障碍物后会返回到扫描仪，扫描仪可以通过发射和返回的时间来确定每一个点的位置，并将所有的点组合在一起，形成整个空间的点云文件。

不同测量站点的数据拼接组合类似于用手机拍摄全景照片。手机可以自动找到两张照片中相同的部分，并将它们重叠组合。三维扫描仪配套的软件也可以找到两个空间中 3 个以上共同的标靶球或者标靶纸，来将两个相邻空间的点云拼接在一起。图 2.2-4 所示为 I-Site 8810 三维激光扫描仪。

利用地面三维激光扫描仪，结合一体化移动测量系统，对水利水电工程枢纽区进行全覆盖扫描，可快速获得原始地形的高密度点云数据和影像

图 2.2-4　I-Site 8810 三维激光扫描仪

数据，不仅可生产制作高精度的地形图，而且还可以制作施工前区域内 360°全景数据；在对精度要求较高的重要工程部位，使用地面三维激光扫描仪进行全覆盖扫描，如坝基、地下洞室等。

3. CORS 网络

随着 GNSS 技术的飞速进步和应用普及，CORS 在城市测量中的作用已越来越重要。当前，利用多基站网络 RTK 技术建立的 CORS 已成为城市 GNSS 应用的发展热点之一。CORS 系统是卫星定位技术、计算机网络技术、数字通信技术等高新科技的多方位深度融合产物。CORS 系统由基准站网、数据处理中心、数据传输系统、定位导航数据播发系统、用户应用系统五个部分组成，各基准站与监控分析中心间通过数据传输系统连接成一体，形成专用网络。

应用系统包括用户信息接收系统、网络型 RTK 定位系统、事后和快速精密定位系统以及自主式导航系统和监控定位系统等。按照应用的精度不同，用户服务子系统可以分为毫米级用户系统、厘米级用户系统、分米级用户系统、米级用户系统等，而按照用户的应用不同，可以分为测绘与工程用户（厘米、分米级）、车辆导航与定位用户（米级）、高精度用户（事后处理）、气象用户等几类。

CORS 系统彻底改变了传统 RTK 测量作业方式，其主要优势包括：①改进了初始化时间、扩大了有效工作的范围；②采用连续基站，用户随时可以观测，使用方便，提高了工作效率；③拥有完善的数据监控系统，可以有效地消除系统误差和周跳，增强差分作业的可靠性；④用户无须架设参考站，真正实

现单机作业，减少了费用；⑤使用固定可靠的数据链通信方式，减少了噪声干扰；⑥提供远程 Internet 服务，实现了数据的共享；⑦扩大了 GNSS 在动态领域的应用范围，更有利于车辆、飞机和船舶的精密导航；⑧为建设数字化城市提供了新的契机。

CORS 系统不仅是一个动态的、连续的定位框架基准，同时也是快速、高精度获取空间数据和地理特征的重要城市基础设施，CORS 系统可在城市区域内向大量用户同时提供高精度、高可靠性、实时的定位信息，并实现城市测绘数据的完整统一，这将对现代城市基础地理信息系统的采集与应用体系产生深远的影响。CORS 系统不仅可以建立和维持城市测绘的基准框架，更可以全自动、全天候、实时提供高精度空间和时间信息，成为区域规划、管理和决策的基础。该系统还能提供差分定位信息，开拓交通导航的新应用，并能提供高精度、高时空分辨率、全天候、准实时、连续的可降水汽量变化序列，由此逐步形成地区灾害性天气监测预报系统。此外，CORS 系统可用于通信系统和电力系统中高精度的时间同步，并能在地面沉降、地质灾害、地震等方面提供监测预报服务，进而研究探讨灾害时空演化过程。

CORS 系统可以定义为一个或若干个固定的、连续运行的 GNSS 参考站，利用现代计算机、数据通信和互联网（LAN/WAN）技术组成的网络，实时向不同类型、不同需求、不同层次的用户自动提供经过检验的不同类型的 GNSS 观测值（载波相位、伪距），各种改正数、状态信息，以及其他有关 GNSS 服务项目的系统。与传统的 GNSS 作业相比，CORS 系统具有作用范围广、精度高、可野外单机作业等众多优点。

对观测条件较好的大部分区域而三维激光扫描难以测量的隐蔽位置，可以采用 GNSS 接收机利用 CORS 网络实施测量（图 2.2-5）。局部小范围难以到达的区域，地形测量采用全站仪施测，人员可到达时采用棱镜测量，人员难以到达时采用免棱镜测量。

4. 水下地形测量

水下地形测量是工程测量中的一种特定测量方式，通过测量江河、湖泊、水库、港湾和近海水的底点的平面位置和高程，以完成水下地形图的测绘工作，主要工作内容是在陆地建立控制网和进行水下地形测绘。水下地形测绘包括测深点定位、水深测量、水位观测和绘图，测深点定位的方法有断面索法、经纬仪或平板仪前方交会法、六分仪后方交会法、全站式速测仪极坐标法、无线电定位法、水下声学定位和 GNSS 差分定位法等。水深测量采用测深杆、测深锤和回声测深仪等仪器，水底高程是根据水深测量和水位观测成果计算，最后用等深线（等高线）表示水底的地形情况。

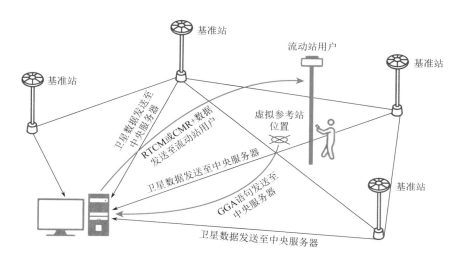

图 2.2 - 5 CORS 系统测量示例

水下地形图在投影、坐标系统、基准面、图幅的分幅、编号和内容表示、综合原则以及比例尺确定等方面都与陆地地形图相一致，但在测量方法上相差较大。

水下地形测量时，每个测点的平面位置与高程一般是用不同的仪器和方法测定。水下的地形起伏目视条件较差，不像陆地上地形测量可以选择地形特征点进行测绘，只能均匀地布设一些测点用测深线法或散点法来测绘。水下地形测量的内容不如陆上的那样多，一般只要求用等高线或等深线表示水下地形的变化。

水下地形测量点的定位方法一般有断面法、角度交会法、断面角度交会法、极坐标法、六分仪法、距高交会法（微波测距）、双曲线无线电定位法、卫星多普勒定位法、GNSS 全球导航卫星系统定位法等。

（1）断面法沿断面测量水深。在水流湍急的河段，测船难以沿断面行驶或锚定船位时，间或以钢缆固定船体，沿钢缆逐点定位测出水深。

（2）角度交会法以 2～3 台经纬仪或平板仪在岸上已知点设站，同步测定方向及交会船在测深时的点位，常用于流速较大的河段。

（3）断面角度交会法为断面法和角度交会法的结合。测船沿既定断面航行，同时用 1～2 台经纬仪或平板仪测定方向，与断面线相交，确定测船位置处的测深点位。

（4）极坐标法以电磁波测距仪或经纬仪在岸上已知点设站并选定零方向，测最深点的距离和水平角，确定点位。

（5）六分仪法在船上靠近测深点处以 2 台六分仪同步观测岸上已知点，确定点位；适用于能目视观测岸上目标的较开阔水域。

（6）距离交会法测定船上测深点与岸上 2 个已知点之间的距离，以交会确定点位。微波定位测深仪就是根据这一原理应用现代电子技术进行定位的仪器，它可以实时采集测距、测深数据，实时或事后绘制平面图和断面图。水利和航道、港口部门在 20 世纪 80—90 年代曾推广使用。

（7）双曲线无线电定位法从船上主台测定与岸上副台的相位差，根据以岸台位置为焦点的两簇双曲线确定船上测深点位；适用于局部海域或全球性的航海导航定位，在历史上曾发挥重要作用。

（8）卫星多普勒定位法是利用测量卫星通过待测区域上空时所发无线电信号的多普勒频移求定船位的方法。运用此法可以进行全球性和全天候的导航和定位，在 20 世纪 60—80 年代曾是军事、民事航海和海洋测量的主要导航定位手段，现已被 GNSS 所取代。

（9）GNSS 差分定位由基准站、数据通信链和用户站（如船）组成。当基准站和用户站的 GNSS 接收机同步接收卫星信号时，将基准站 GNSS 接收机观测所得的三维位置与已知数值进行比较，便可获得定位误差信息，称为差分改正信息。如通过数据通信链实时将此差分改正数传递给用户站，对其观测值进行改正。根据差分改正数计算模式的不同，GNSS 差分定位有不同的工作模式，主要有位置差分、伪距差分、相位平滑伪距差分、相位差分等，其中伪距差分应用最为普遍。

多波束测深系统是当前广泛采用的一种水下测量设备，是一种多传感器的复杂组合系统，是现代信号处理技术、高性能计算机技术、高分辨率显示技术、高精度导航定位技术、数字化传感器技术及其他相关高新技术的高度集成。与单波束回声测深仪相比，多波束测深系统具有测量范围大、测量速度快、精度高和效率高的优点，它把测深技术从点、线扩展到面，并进一步发展到立体测深和自动成图，特别适合进行大面积的水下地形探测。采用多波束测深系统进行水下测量之后，生成相应的水下三维模型，可以作为详细设计及计量的依据。水下测量工作现场如图 2.2－6 所示。

5. 无人机低空航摄系统

无人机低空摄影测量技术，以获取高分辨率数字影像为应用目标，以无人驾驶飞机为飞行平台，以高分辨率数码相机为传感器，通过 3S 技术在系统中集成应用，最终获取小面积、真彩色、大比例尺、现势性强的航测遥感数据。无人机低空摄影测量主要用于基础地理数据的快速获取和处理，为制作正射影像、地面模型或基于影像的区域测绘提供最简捷、最可靠、最直观的应用数据，其具有以下五个优点：

（1）机动性、灵活性和安全性。无人机具有灵活机动的特点，受空中管制和气候的影响较小，能够在恶劣环境下直接获取影像，即便是设备出现故障，也不会出现人员伤亡，具有较高的安全性。

（2）低空作业，获取高分辨率影像。无人机可以在云下超低空飞行，弥补了卫星光学遥感和普通航空摄影经常受云层遮挡获取不到影像的缺陷，可获取比卫星遥感和普通航摄更高分辨率的影像。同时，低空多角度摄影获取建筑物多面高分辨率纹理影像，

图 2.2 – 6　水下测量工作现场

弥补了卫星遥感和普通航空摄影获取城市建筑物时遇到的高层建筑遮挡问题。

（3）精度高，测图比例尺可达 1∶500。无人机为低空飞行，飞行高度 50～1000m，属于近景航空摄影测量，摄影测量精度达到了亚米级，精度范围通常在 0.05～0.5m，符合 1∶500 的测图要求，能够满足城市建设精细测绘的需要。

（4）成本相对较低、操作简单。无人机低空航摄系统使用成本低，对操作员的培养周期相对较短，系统的保养和维修简便，无须机场起降，可实现测绘单位按需开展航摄飞行作业这一理想生产模式。

（5）周期短、效率高。对于面积较小的大比例尺地形测量任务（10～100km²），受天气影响和空域管制情况较多，大飞机航空摄影测量成本高，采用全野外数据采集方法成图的作业量大，成本也比较高。因而，将无人机遥感系统进行工程化、实用化开发，则可以利用它机动性好、速度快、成本低等优势，在阴天、轻雾天也能获取合格的影像，从而将大量的野外工作转入内业，既能减轻劳动强度，又能提高作业的效率和精度。

2.2.2.2　数据云服务平台

根据水利水电工程特性，运用云技术、大数据手段，构建水利水电工程数据中心，存储工程建设过程涉及的三维设计成果、工程管理信息、施工过程数据、运行期安全评价数据，全方位覆盖工程建设过程中所涉及的各专业、各方面、各时期信息数据，为建设运行过程中各方数据共享、数据应用提供基础；在工程建设结束后，可对项目建设过程进行精确回溯并在运行期进行应用，最终形成项目全生命周期数据云服务平台。

　　水利水电工程数据云服务平台是实现全方位、全过程、数字化、信息化、智能化项目管理的基础，中心存储和工程建设相关的所有工程数据信息并和各个子系统进行连接，实现数据的入库和更新、工程数据中心云服务平台以数据共享为纽带，将工程数据应用到各方面，为水利水电工程建设提供全方位的数据服务。

　　云服务平台包含六个子数据库，分别为设计成果数据库、3S 数据库、施工信息数据库、智能监控数据库、安全监测数据库和运行管理数据库，平台组成如图 2.2 - 7 所示。

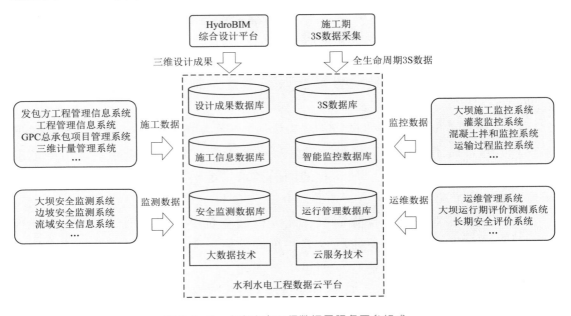

图 2.2 - 7　水利水电工程数据云服务平台组成

　　数据中心建设的过程和维护由参建专业工程师负责，各类专题数据的录入由相应的参建方完成，水利水电工程建设管理方及参建各方以各自授权的方式，共享及访问数据。建设过程中涉及的数据种类繁多，主要包括以下几个方面：

　　（1）设计成果数据库。HydroBIM 综合平台所生产的设计成果，包括各分部工程的三维设计成果、地质三维模型、施工详图等，将其分类保存在设计成果数据库中，使用方可以分门别类地对数据成果进行查看。

　　（2）3S 数据库。承包人在工程建设过程中所采集的各类 3S 数据，包括利用三维激光扫描仪和一体化移动测量系统采集的全工区点云数据、地形数据、收方测量成果、三维模型数据、施工期航摄影像、360°全景、收方数据、竣工数据等，可通过水利水电工程 3S 技术集成应用平台查看工程状态，计算相关工程量等，工程管理人员也可对数据进行下载查看。

（3）施工信息数据库。水利水电工程建设管理所涉及的项目信息，包括进度、投资、质量、支付结算、管理施工过程等信息，形成完整的工程数字化档案；通过接口开发等方式，工程管理人员可实时查看数据库中的信息。

（4）智能监控数据库。包括在水利水电工程开展中所涉及的灌浆监控数据、混凝土温控监控数据、混凝土运输过程监控数据、各施工区域监控视频等，由负责施工监控的参建方进行维护，通过专门的接口开发，参建工程师可查看相关的监控数据。

（5）安全监测数据库。水利水电工程开展过程及工程结束后所有相关的安全监测数据，包括各测点形变数据、温控数据、压应力数据、每期监测月报（年报）等，由负责安全监测工程的参建方进行维护，通过专门的接口开发，向参建工程师指定不同的权限，可查看或下载所有相关的安全监测数据。

（6）运行管理数据库。水利水电工程进入运行期后，采集相关的运维数据，包括机电设备运行数据，水库管理数据、安全评价数据、流域安全信息数据、地质灾害数据等。数据库主要由水利水电工程运营方负责维护和更新。

2.2.2.3 水利水电工程 3S 集成应用平台

以水利水电工程数据云服务平台作为支撑，基于三维地理信息系统及便携式移动平台，开发构建水利水电工程 3S 集成应用平台，功能涵盖三维工程计量管理，施工进度展示，施工场地布置，渣、料场管理，施工过程回溯，原材料管理等功能，以三维可视化界面为参建各方提供水利水电工程建设项目的管理功能。

水利水电工程 3S 集成应用平台以工程数据采集、集成、应用为核心，是开展水利水电工程数字化建设的重要内容，在采集相关的工程数据并生成成果之后，将其集成至平台，针对工程业务需求进行相关功能的开发，针对全生命周期数据进行应用，满足工程建设要求。其应用方式如图 2.2 - 8 所示。

在水利水电工程数据云服务平台的基础上，以桌面及移动三维 GIS 平台为基础开发相关功能，3S 集成应用平台以水利水电工程管理可视化为核心，在和施工信息管理系统有机结合的前提下，对施工所涉及的工程量进行全面管理，并在此基础上提供施工进度展示，施工场地布置，渣、料场管理，施工过程回溯，原材料管理等功能。平台界面和功能结构分别如图 2.2 - 9 和图 2.2 - 10 所示。

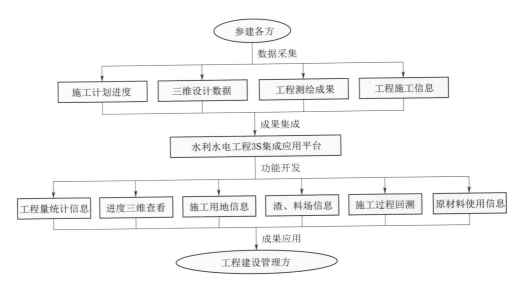

图 2.2－8 水利水电工程 3S 集成平台应用方式

图 2.2－9 水利水电工程 3S 集成平台界面

1. 各模块功能

（1）平台管理。对平台基本权限、数据接口进行设置，根据不同的权限将平台的不同模块开放给相应参建各方。

（2）三维可视化。将云平台的相关信息进行三维可视化展示，包括三维地形地貌、BIM 数据、三维地质模型等，在虚拟化的三维场景中，从不同角度展示工程建设的各个方面。

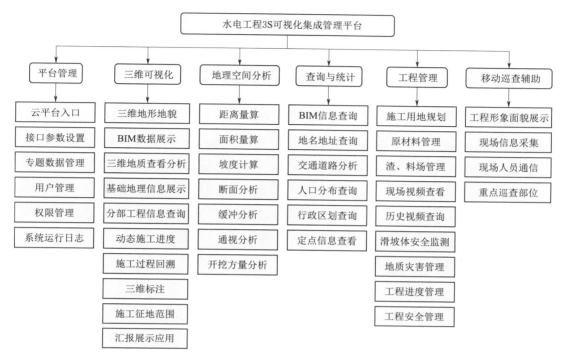

图 2.2 - 10　水利水电工程 3S 集成平台功能结构

（3）地理空间分析。在各类工程数据的基础上，提供不同的分析功能，满足工程应用。

（4）查询与统计。针对工程数据分门别类进行查询，以满足使用者对不同数据的需求。

（5）工程管理。针对工程建设过程中的三维可视化应用需求，针对性地开发不同的管理功能，包括施工用地规划，原材料管理，渣、料场管理，现场视频查看，滑坡体安全监测，地质灾害管理，施工进度查看分析等。

（6）移动巡查辅助。将平台实现的各类功能移植至移动端，并根据现场巡查需求，开发相应的功能，以满足项目管理的需求。

2. 三维可视化管理重点功能介绍

水利水电工程三维可视化管理的重点功能包括施工进度管理，施工过程回溯，分部工程信息统计，施工场地布置，原材料管理，渣、料场管理等。

（1）施工进度管理模块。用于查询、展示、管理工程进度，具有施工计划、过程播放、进度对比和报表输出四个功能。每个功能的详细应用包括：

1）施工计划。根据设计规划成果，可将整个施工过程及相应的施工形象面貌存储于数据库中；利用施工计划功能，可输入时间节点，查询在某个时间点的计划施工形象面貌。

2）过程播放。在施工过程中，实际施工进度将会与施工计划有差别。在实际施工过程中，将实际施工的形象面貌进度存储在数据库中，利用过程播放功能，可将实际施工的形象面貌在三维场景中按时间顺序予以展示，可以调整播放速度，也可以设置播放的起始时间和结束时间（图 2.2－11）。

图 2.2－11　设置时间段播放施工过程

3）进度对比。根据进度计划和实际施工情况进行对比。

4）报表输出。对当前项目进度的安全、质量、环保、财务、人员等情况形成相关报表，并输出、打印。

（2）施工过程回溯模块。为分析施工过程的情况，在采集大量施工过程数据及形象面貌影像的基础上，施工过程回溯模块具有历史工程状态、双屏对比、施工过程统计功能。每个功能的详细应用包括以下内容：

1）历史工程状态。以时间点为依据，查询在各个时间点状态下工程的建设情况并在三维场景中进行展示，包括施工形象面貌、工程完成状态等。

2）双屏对比。选择两个时间点，以联动的方式，在三维场景中直观比较两个时间点状态下的工程建设情况，以显示时间段内工程建设情况的差异（图 2.2－12）。

3）施工过程统计。设置时间段，以时间为主线，统计时间段内工程的建设情况并以报表的方式输出。

（3）分部工程信息统计模块。以三维的方式，对工程设计施工涉及的相关工程量进行管理，包括工程量统计、单元工程、时间统计、报表输出等。各功能详细应用包括以下内容：

图 2.2 - 12 双屏对比功能

1）工程量统计。可以对目前工程进展相关的各类工程量进行统计，按照不同类型工程量的分类，对各分部工程所完成的工程量进行统计且可以在三维场景中进行查看。

2）单元工程。以单元工程为基础，在三维场景中点击相应部位的单元工程，查询该单元工程相关的工程量完成情况，单元工程查询功能界面如图 2.2 - 13 所示。

图 2.2 - 13 单元工程查询统计

3）时间统计。以时间为节点，在设置起始时间、结束时间之后，可查询在该时间段内各部位工程所完成的工程量并以表格的方式输出统计成果。

4）报表输出。提供以分布工程划分、工程区域划分、工程量类型划分等多种方式，对已完成的工程量进行统计并以报表的形式输出，可以对整体工程的工程量完成情况进行较为完整的把握。

（4）施工场地布置模块。用于管理施工区域内的相关用地，包括施工场地网格化管理、查看场地、编辑用地、用地分析、用地报表 5 个功能。每个功能的详细应用包括以下内容：

1）施工场地网格化管理。对施工场地进行网格化管理，明确不同施工部门的权责范围，相关施工人员、车辆、设备等只能在相应范围内活动，采用北斗定位进行监测，一旦超出活动范围将进行系统和设备双重报警，为施工安全提供保障。

2）查看场地。点击查看场地，可展示各施工用地的列表，点击列表，可定位到不同的施工用地；点击施工用地，可以查看各块用地的详细信息。

3）编辑用地。提供新增用地、修改用地、删除用地功能，选择相应的功能，可在工程施工区域内对不同的用地进行编辑。图 2.2 - 14 展示了工程用地编辑界面，输入用地名称、负责单位、联系人、用地时间后，即可在三维场景中勾画用地范围，增加该块用地。

图 2.2 - 14　工程用地编辑

4）用地分析。以三维地理空间分析为基础，针对各块用地，提供缓冲分析、路径分析等功能，为施工用地规划提供辅助功能。

5）用地报表。统计目前工程用地情况，并以报表的方式输出，为施工用地管理提供重要的依据。

（5）原材料管理模块。为了方便工程的实施，原材料管理模块具有库存查看、库存管理、材料统计功能。每个功能的详细应用包括以下内容：

1）库存查看。可按材料类别查看各种原材料的存放情况并在三维场景中展示，展示内容包括当前库存、出库情况、入库情况等（图 2.2 - 15）。

图 2.2 - 15 库存查看

2）库存管理。根据材料的使用情况，编辑、更新各类材料的数量。

3）材料统计。按照材料类型，统计各类材料的使用情况并以报表的方式输出，方便施工管理者对原材料使用情况有较为详尽的把握。

（6）渣、料场管理。渣、料场管理功能为水利水电工程施工建设过程中的渣场、料场提供三维可视化的管理功能，包括查看场地、渣场管理、料场管理、报表统计功能。每个功能的详细应用包括以下内容：

1）查看场地。可以将所有渣场、料场以列表的形式展示，点击相应的场地，可以定位到场地。

2）渣场管理。可查看、编辑、添加渣场状态，包括规划面积、规划容量、月度弃渣量、剩余容量及渣场状态等（图 2.2 - 16）。

3）料场管理。可查看、编辑、添加料场状态，包括规划面积、规划采量、月度采料量、剩余有用料量及料场状态等。

4）报表统计。统计目前工程区域内各渣场、料场使用情况，并按照报表的形式输出，为工程管理提供相关的依据。

图 2.2－16　渣场管理

第 3 章

HydroBIM – 3S 技术集成框架

3.1 水利水电工程中的 3S 应用模式

3S 技术集成广泛应用于基础设施工程中的规划、勘察、施工、运行等各环节，以及工程总承包（engineering procurement construction，EPC）管理、系统集成等方面。在设计成果的集成展示过程中，需要各专业成果符合集成规则，按照特定的协同工作方式完成成果的集成，并将集成方法应用于各类工程应用中。各专业具体应用如下：

（1）测绘专业。充分利用 3S 技术集成，通过对各种途径获取的基础地理信息数据进行收集、加工、处理，并建立相应的数据库，开发出实用的地理信息查询分析工具，为后续专业提供翔实、准确、可靠的基础地理信息数据及地理空间数据查询分析平台。

（2）水文专业。水文气象资料收集、流域特征值量取、水系图制作、分布式水文模拟、水文预报等。

（3）地质专业。高边坡调查、地质灾害调查与评估、库岸稳定调查、区域地质图解译（或购买）、建筑材料普查、地质灾害/边坡长期监测。

（4）物探专业。指导综合物探现场踏勘、外业工作、方案设计，综合物探解释、三维建模等。

（5）机电专业。变电站站址和输电线路路径选择，主要机电设备初步选型研究，主要机电设备初步布置方案研究。

（6）施工专业。地形、地质、地貌等分析，交通道路条件分析，建设物资分布分析等。

（7）监测专业。基于 HydroBIM 的运行管理，土木工程运行阶段的各种数据（设计、实施、运行维护、监测等）采集、分析评价、预警及信息发布。

（8）水库专业。基于土地利用现状图和 3S 技术集成，对建设征地和移民安置区（点）提供成果数据，在建设征地移民安置工作中实现大范围土地利用现状土地利用专题图解译、实物指标调查应用、移民安置辅助规划设计、动态跟踪查询等。

（9）环保专业。首先，3S 技术可以有效集成工程建设收集的二维、三维和四维的数据，分析工程环境建设可行性。采用 3S 技术开展空间分析计算，分析项目与各类保护区、居住区等敏感点的位置关系，为项目布置、各单元选址提出建议和要求。其次，3S 技术可以在三维场景下显示各生态工程布置情况，直观展示工程业主在环境保护方面的成就，即展示工程环境现状及生态工程成绩、效益、动态。再次，3S 技术可以宏观监控工程环境状态变化、环境保护措施开展情况、工程影响区域环境质量情况等，可以评估生态工程本身及其对其他因素的影响，为工程环境保护工作提出有效、直观的建议。最后，3S 技术尤其是 GIS 技术，可以应用于生态工程及其相关环境保护信息的管理。

3.2 水利水电工程 3S 技术全流程数据应用

3.2.1 乏信息前期勘察设计平台

乏信息前期勘察设计，指在缺乏水文、地形、地质等需要在现场开展实测、综合勘察和现场调查才能获得基础数据与资料的情况下，主要利用互联网、卫星等取得基础地理信息数据，充分发挥 3S 集成、计算机技术、三维建模与可视化技术等优势，应用专业软件等手段对基础数据进行处理、转化、建模与可视化，并快速、高效率、低成本地完成工程前期勘察工作任务。该设计平台输入的是地形、地质及水文等基础数据，输出的是 BIM 模型，输入输出过程即是设计流程。乏信息前期勘察设计平台架构如图 3.2 - 1 所示。

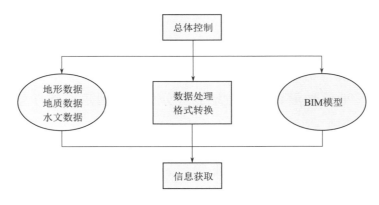

图 3.2 - 1 乏信息前期勘察设计平台架构

平台基础数据获取的质量与效率对于 BIM 模型建模质量与效率有着至关重要的作用。平台以实现"纵向集成、横向协同、总体管控"为总体目标,充分融合"大质量"理念,并考虑生产风险控制要求。各专业在平台中的功能如下:

(1) 测绘专业通过互联网、国内外测绘相关机构、数据提供商、项目业主等收集相关测绘资料,亦可按需购买卫星影像、数字高程模型等数据,为水利水电工程提供基础地理信息数据。

(2) 水文专业利用 3S 技术获取流域气象数据、下垫面参数,结合基础地理信息数据、卫星气象数据、植被土壤数据等,采用 ArcHydro 水文地理数据模型、SWAT 分布式水文模型,提取流域边界、河网、比降等特征参数,进行水文分析计算。

(3) 地质专业基于 3S 技术集成,结合工程区基础地理信息数据、区域地质资料及已有解译标志等,采用人机交互解译的方式,通过解译循环,基本查明工程区地形地貌特征、地层岩性分布、区域性断裂构造延伸情况及不良物理地质现象发育情况等基本工程地质条件。

(4) 枢纽布置、建筑物设计及机电设备布置采用 Civil 3D、Inventor、Revit 等软件进行三维设计,各专业基于 Project Wise 平台开展协同设计,流程见图 3.2 - 2。在 Project Wise 管理平台上建立工作分解目录结构,进行相应

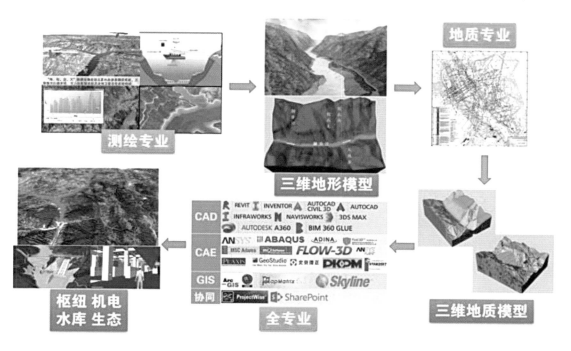

图 3.2 - 2 协同设计流程

的任务分解和权限分解，建立统一的项目管理体系，确保设计文件及信息的高效应用与信息安全。测绘专业通过 3S 技术构建三维地形模型，勘察专业基于 3S 集成及物探技术构建初步三维地质模型，地质专业通过与多专业协同分析，应用 GIS 技术完成三维统一地质模型的构建，其他专业在此基础上应用 Auto-CAD 系列三维软件 Revit、Inventor、Civil 3D 等开展三维设计，设计验证和优化借助 CAE 软件模拟实现；应用 Navisworks 完成碰撞检查及三维校审；施工专业应用 Infra Works 和 Navisworks 进行施工总布置三维设计和四维虚拟建造；最后基于云服务平台实现三维数字化成果交付。其中，报告编制采用基于 Sharepoint 研发的文档协同编辑系统来实现。

3.2.2 BIM 与三维 GIS 集成应用

各专业设计工作完成后，须对数据进行格式转换、模型信息提取、模型边界绘制、地形融合等处理，成果应在三维基础地理信息场景中进行整体集成展示。

3.2.2.1 BIM 模型标准化

为实现 BIM 与三维 GIS 集成应用，达到各专业、各阶段信息共享和各专业 BIM 模型标准化，三维设计成果的格式宜为通用格式，如 .dwg、.fbx、.ipt、.rvt、.obj、.max、.x、.3ds。三维设计成果须带有相应的属性信息。属性包括空间位置、几何尺寸、材质、颜色、类别、设计者、建造时间、单价、生产商、供应商、编码等，具体属性符合当前项目开展的相关要求。非三维设计成果的专业数据集应有完整的属性信息。所有模型的平面坐标系统及高程基准应与基础地理信息数据保持一致或通过坐标转换能保持一致，尺寸单位须为米。模型与地形具有空间相交关系（如边坡开挖、大坝填筑、场地整平）时，须提供模型与地形的相交线以便于和地形进行融合。

3.2.2.2 BIM 与三维 GIS 集成主要流程

（1）利用基础地理信息数据构建三维基础地理信息场景。

（2）BIM 实体模型到多细节层次的三维 GIS 标准化模型自动转换，提取所需语义信息。

（3）统一 BIM 模型与三维 GIS 平台的空间基准，采用地形整平、地形开挖等方案实现 BIM 模型与三维基础地理信息场景的无缝整合。

（4）开发查询、统计、辅助设计、面向 BIM 模型的空间分析等功能。

BIM 与三维 GIS 集成应用工作流程见图 3.2 - 3。

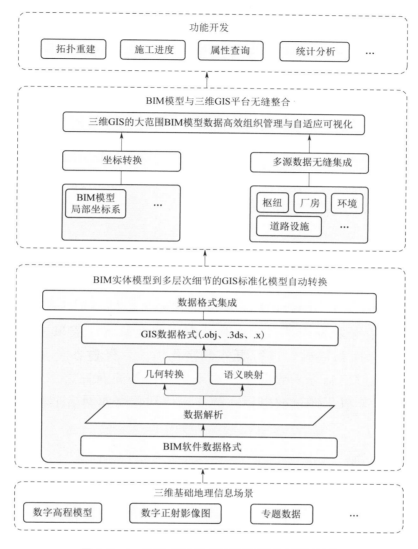

图 3.2-3 BIM 与三维 GIS 集成应用工作流程图

3.2.2.3 应用流程

（1）规划设计阶段：为规划选线、辅助设计、方案比选、成果展示等业务集成的三维地理环境和空间分析功能。

（2）施工建设阶段：为数字化施工、工程形象进度、施工安全监测及竣工测量等提供高精度三维地理环境。

（3）运行管理阶段：为设施设备管理、日常养护管理、安全监测预警预报、应急抢险、灾害评估等提供数据管理和空间分析。

3.2.3 EPC 项目信息管理 3S 技术应用

在 EPC 工程项目中，应用 3S 技术集成、结合 BIM 技术，依据各专业提供的基础数据、集成成果、三维模型，结合项目规模、造价、建设期等信息，可对工程项目的投资作出评估。通过不同时期的遥感影像，可及时掌握工程的施工进度，为施工控制提供依据。在工程中，应用 3S 集成并结合 BIM 技术，依据各专业提供的基础数据、集成成果、三维模型、施工进度、经费投入等信息，可对工程项目的过程控制提供依据。

3.2.4 运行管理阶段 3S 技术应用

3.2.4.1 地质专业

根据监测检测专业提供的各类监测检测成果，完成地质数据的收集；通过测绘专业提供的工程区和枢纽区的三维仿真场景，结合 GIS 相关软件，更新三维 3S 地质信息子数据库平台。以高精度遥感地质解译成果为指导，以三维 3S 地质信息数据库为基础，进行野外数字化填土，经过各类复核验证，将满足规范要求的地质信息导入数据库，用来更新、补充及完善三维 3S 地质信息子系统平台。工作成果经过校审后，统一上传到数据库网络平台，完成发布与展示。

3.2.4.2 安全监测

应用 3S 集成、三维可视化技术与监测技术结合，开发运行管理、安全监测可视化及预警系统平台。在安全监测时，利用巡查终端进行信息的感知和采集，如轨迹记录；通过 GNSS 定位技术将巡查员的巡查终端轨迹信息和隐患信息上传至监控中心服务器。巡查员在巡查过程中碰到突发问题或抵达预设监测点时通过文字、拍照、视频的方式将现场情况发送给监控中心，管理人员对发现的隐患进一步识别、分类后，给出处理意见或上报相关责任部门进行隐患排除；如遇通信盲点，则自动将相关信息保存在当前巡查终端，返回监控管理中心后将相关数据自动导入服务端进行分析处理。B/S 架构的服务端可对工程巡查进行实时监控管理和信息发布，并结合电子地图和卫星影像实时监控巡查人员的位置、提醒巡查事件等，具体功能包括监测点预设、实时监视、轨迹分析、事件查看、隐患管理、绩效统计和信息发布。

第 4 章

HydroBIM – 3S 技术集成数据体系

4.1　3S 技术集成数据需求

　　3S 技术集成数据包含基础地理信息数据及专业数据。基础地理信息数据是 3S 技术集成应用的保障，专业数据是 3S 集成应用的核心。在项目开展过程中，测绘专业负责基础地理信息数据的采集、处理、加工工作，包括卫星影像、航片、干涉合成孔径雷达（interferometric synthetic Aperture Radar，In-SAR）数据等统一获取、坐标转换、三维地形曲面制作、三维基础地理信息场景制作等，为后续专业提供符合要求的基础地理信息数据。水文、地质、物探、水工、机电、施工、水库、监测、建筑、环境、交通等专业负责归档管理本专业的数据收集、整理与存储。

4.1.1　基础地理信息数据

　　工程各阶段基础地理信息数据类型主要为 DEM、DSM、DOM、DLG、DRG、三维地形曲面、三维基础地理信息场景。

4.1.1.1　数字高程模型

　　数字高程模型（digital elevation model，DEM）是一定范围内规则格网点的平面坐标（X，Y）及其高程（Z）的数据集，主要描述区域地貌形态的空间分布。DEM 是对地貌形态的虚拟表示，可派生出等高线、坡度图等信息，也可与 DOM 或其他专题数据叠加，用于与地形相关的分析应用，同时还是制作 DOM 的基础数据。DEM 需求规格见表 4.1－1，DEM 示例见图 4.1－1。

表 4.1-1 DEM 需 求 规 格

序号	数据格式	比 例 尺	格网间距	工程应用阶段
1	.dem/.tif/.grid	1:500～1:2000	0.5m，1m，2m	施工详图阶段、可研阶段
2	.dem/.tif/.grid	1:5000～1:10000	2.5m，5m	预可研阶段
3	.dem/.tif/.grid	1:10000～1:50000	5m，10m，25m，30m	规划阶段

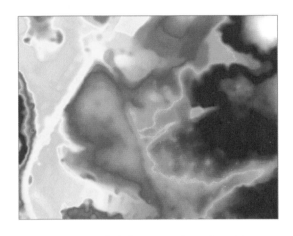

图 4.1-1 数字高程模型（DEM）示例图 图 4.1-2 数字表面模型（DSM）示例图

4.1.1.2 数字表面模型

数字表面模型（digital surface model，DSM）是指包含了地表建筑物、桥梁和树木等地物高度的地面高程模型。DSM 是在 DEM 的基础上，进一步涵盖了除地面以外的其他地表信息的高程，在一些对建筑物高度有需求的领域，得到了很大程度的重视。DSM 能最真实地表达地面起伏情况，可广泛应用于各行各业。如在森林地区，DSM 可以用于检测森林的生长情况；在城区，DSM 可以用于检查城市的发展情况。DSM 需求规格见表 4.1-2，DSM 示例见图 4.1-2。

表 4.1-2 DSM 需 求 规 格

序号	数据格式	比 例 尺	格网间距	工程应用阶段
1	.dem/.tif/.grid	1:500～1:2000	0.5m，1m，2m	施工详图阶段、可研阶段
2	.dem/.tif/.grid	1:5000～1:10000	2.5m，5m	预可研阶段
3	.dem/.tif/.grid	1:10000～1:50000	5m，10m，25m，30m	规划阶段

4.1.1.3 数字正射影像地图

数字正射影像地图（digital orthophoto map，DOM）是将地表航空航天

图 4.1-3 数字正射影像地图（DOM）示例

影像经垂直投影而生成的影像数据集。参照地形图要求对正射影像数据按图幅范围进行裁切，配以图廓整饰，即成为数字正射影像地图。它具有像片的影像特征和地图的几何精度。DOM 具有精度高、信息丰富、直观逼真、获取快捷等优点，可作为地图分析背景控制信息，也可从中提取自然资源和社会经济发展的历史信息或最新信息，为防治灾害和公共设施建设规划等应用提供可靠依据；还可从中提取和派生新的信息，实现地图的修测更新；评价其他数据的精度、现势性和完整性都很优良。DOM 需求规格见表 4.1-3，DOM 示例见图 4.1-3。

表 4.1-3   DOM 需 求 规 格

序号	数据格式	比 例 尺	地面分辨率	工程应用阶段
1	. tif/. img/. jpg	1:500～1:2000	0.05m，0.1m，0.2m	施工详图阶段、可研阶段
2	. tif/. img/. jpg	1:5000～1:10000	0.5m，1m	预可研阶段
3	. tif/. img/. jpg	1:10000～1:50000	1m，2.5m，5m	规划阶段

4.1.1.4 数字线划地图

数字线划地图（digital line graphic，DLG）是以点、线、面形式或地图特定图形符号形式，表达地形要素的地理信息矢量数据集。点要素在矢量数据中表示为一组坐标及相应的属性值；线要素表示为一串坐标组及相应的属性值；面要素表示为首尾点重合的一串坐标组及相应的属性值。数字线划地图是基础地理信息数字成果的主要组成部分，此数据

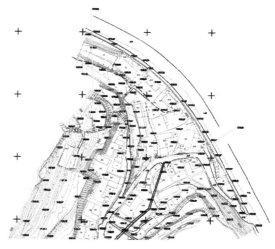

图 4.1-4 数字线划地图（DLG）示例

能满足地理信息系统进行各种空间分析的要求，视为带有智能的数据。DLG 的技术特征为：地图地理内容、分幅、投影、精度、坐标系统与同比例尺地形图一致，图形输出为矢量格式，任意缩放均不变形。DLG 需求规格见表 4.1-4，DLG 示例见图 4.1-4。

表 4.1-4　　　　　　　　　DLG 需 求 规 格

序号	数据格式	比 例 尺	等 高 距	工程应用阶段
1	.dwg/.dxf/.shp/.wl	1∶500～1∶2000	0.5m，1m，2m	施工详图阶段、可研阶段
2	.dwg/.dxf/.shp/.wl	1∶5000～1∶10000	2m，5m，10m	预可研阶段
3	.dwg/.dxf/.shp/.wl	1∶10000～1∶50000	10m，20m	规划阶段

4.1.1.5　数字栅格地图

数字栅格地图（digital raster graphic，DRG）是以栅格数据形式表达地形要素的地理信息数据集，它可由矢量数据格式的地图图形数据转换而成，也可由地图经扫描、几何纠正及色彩归化等处理后形成。DRG 的技术特征为：地图地理内容、外观视觉式样与同比例尺地形图一样。DRG 是模拟产品向数字产品过渡的产品，可作为背景参照图像与其他空间信息相关参考与分析；可用于数字线划地图的数据采集、评价和更新；还可与数字正射影像地图、数字高程模型等数据集成，派生出新的信息，制作新的地图。

DRG 需求规格见表 4.1-5。

表 4.1-5　　　　　　　　　DRG 需 求 规 格

数据格式	规格要求	工程应用阶段
.tif/.img/.jpg/.png/.bmp/.pdf	扫描分辨率≥300dpi	各阶段

4.1.1.6　三维地形曲面

三维地形曲面是基础地理信息数据的重要组成内容。曲面通常是由边界、特征线、等高线、图形对象、点编组、点文件等文件构成，通常可以分为四种类型：三角网曲面、栅格曲面、三角网体积曲面、栅格体积曲面。基于三维地形曲面数据可以进行如坡度分析、高程分析、体积分析、汇水分析等各种分析。三维地形曲面需求规格见表 4.1-6，三维地形曲面示例见图 4.1-5。

表 4.1－6　　　　　　　　　三维地形曲面需求规格

序号	数据格式	比例尺	三角网平均间距	工程应用阶段
1	.dwg/.dat	1∶500～1∶2000	1m，2m，5m	施工详图阶段、可研阶段
2	.dwg/.dat	1∶5000～1∶10000	10m	预可研阶段
3	.dwg/.dat	1∶10000～1∶50000	30m	规划阶段

图 4.1－5　三维地形曲面示例图

4.1.1.7　三维基础地理信息场景

三维基础地理信息场景通过反映地形起伏特征的 DEM 和反映地表纹理的 DOM 叠加而成，同时根据需要叠加 DSM、DLG、三维建筑模型、专业数据等。三维基础地理信息场景需求规格见表 4.1－7，三维基础地理信息场景示例见图 4.1－6。

表 4.1－7　　　　　　　　三维基础地理信息场景需求规格

序号	数据格式	比例尺	DEM 格网间距	工程应用阶段
1	.mpt/.tbp/.sqlite	1∶500～1∶2000	0.5m，1m，2m	运行阶段、施工详图阶段、可研阶段
2	.mpt/.tbp/.sqlite	1∶5000～1∶10000	2.5m，5m	预可研阶段
3	.mpt/.tbp/.sqlite	1∶10000～1∶50000	5m，10m，25m，30m	规划阶段

4.1.1.8　倾斜实景模型

倾斜摄影测量技术是测绘领域近年来快速发展的一项新技术，是目前制作

图4.1-6 三维基础地理信息场景示例图

逼真、可量测倾斜实景模型的主要技术手段，也是摄影测量领域当下的研发热点。生产的三维场景不仅能够真实地反映客观世界，而且能够嵌入空间位置信息，满足人们对实景三维空间信息的需求，极大地拓展了航空遥感影像的应用范围。倾斜摄影测量技术主要有如下特点：

（1）能提供建筑物侧面纹理信息。采用多镜头或单镜头多次从不同方向和角度快速采集建筑物顶面和四个侧面的纹理信息，为真实场景的构建提供了数据保障。

（2）三维效果逼真。相比传统人工模型仿真度低的缺点，倾斜摄影测量所获得的三维数据能够更加真实地的反映地物的外观、位置、高度等属性，增强了三维数据所带来的真实感。

（3）三维建模具有"三高一低"的优势。采用倾斜摄影自动化建模具备高效率、高精度、高真实度、低成本的优势。相比传统手工建模，其数据采集效率高，数据处理效率高，采集的影像分辨率高，为真实效果和测绘精度提供保证，能够有效地降低三维建模成本。利用倾斜影像数据也能够输出DSM、DOM、DLG等数据成果，同时满足传统航空摄影测量的要求。

（4）倾斜影像可实现单张影像量测。倾斜摄影获取的影像数据通过相应软件的处理，可直接基于成果影像进行包括高度、长度、坡度以及面积的量测。

（5）易于成果发布。传统的3D GIS技术需要庞大的三维数据支撑，其发布共享不便捷。使用倾斜摄影测量技术生成的实景三维模型，可快速进行网络发布，包括移动PC端、手机客户端，实现成果数据的快速共享。

倾斜实景模型需求规格见表4.1-8，示例见图4.1-7。

表 4.1 - 8　　　　　　　　　　倾斜实景模型需求规格

序号	数据格式	比例尺	分辨率	工程应用阶段
1	.osgb/.obj/.3Dtiles/.fbx	1∶500	≤4cm	运行阶段、施工详图阶段、可研阶段
2	.osgb/.obj/.3Dtiles/.fbx	1∶1000	≤8cm	预可研阶段
3	.osgb/.obj/.3Dtiles/.fbx	1∶2000	≤16cm	规划阶段

图 4.1 - 7　倾斜实景模型示例图

4.1.1.9　三维激光点云

三维激光点云是利用三维激光扫描设备通过自动化的方式直接或间接采集物体表面大量点的三维信息，然后输出成某种文件的资料存储格式。点云是指空间参考系下某一物体在空间中坐标位置以及几何特性、纹理特征等的散乱点集合，也是当前最具有象征性的三维空间数据。

三维激光点云数据需求规格见表 4.1 - 9，示例见图 4.1 - 8。

表 4.1 - 9　　　　　　　　　三维激光点云数据需求规格

序号	数据格式	比例尺	点云密度/(点/m²)	工程应用阶段
1	.las/.pts/.XYZ/.e57/.txt	1∶500	≥20	运行阶段、施工详图阶段、可研阶段
2	.las/.pts/.XYZ/.e57/.txt	1∶1000	≥5	预可研阶段
3	.las/.pts/.XYZ/.e57/.txt	1∶2000	≥2	规划阶段
4	.las/.pts/.XYZ/.e57/.txt	1∶5000	≥1	规划阶段

图 4.1-8　三维激光点云示例图

4.1.1.10　水下地形测绘数据

水下地形测绘数据主要是利用水下地形测量设备（如测深杆、测深仪、单波束测深系统、多波束测深系统等）采集获取水下地形点数据，再通过内业整理和编绘形成的水下地形点云数据及地形图成果数据。

水下地形测绘数据需求规格见表 4.1-10。

表 4.1-10　　　　　　　　水下地形测绘数据需求规格

序号	数据格式	比例尺	点间距/m	工程应用阶段
1	.las/.txt/.dwg	1∶500	≤2.5	运行阶段、施工详图阶段、可研阶段
2	.las/.txt/.dwg	1∶1000	≤5	预可研阶段
3	.las/.txt/.dwg	1∶2000	≤10	规划阶段
4	.las/.txt/.dwg	1∶5000	≤25	规划阶段

4.1.1.11　公用基础地理信息数据

公用基础地理信息数据需求规格见表 4.1-11。

表 4.1-11　　　　　　　　公用基础地理信息数据需求规格

序号	数据类型	数据格式	比例尺	工程应用阶段
1	水系	.dwg/.dxf/.shp/.wl	1∶500～1∶10000	各阶段
2	居民地及设施	.dwg/.dxf/.shp/.wl	1∶500～1∶10000	各阶段
3	交通设施	.dwg/.dxf/.shp/.wl	1∶500～1∶10000	各阶段

序号	数据类型	数 据 格 式	比 例 尺	工程应用阶段
4	管线与桓栏	.dwg/.dxf/.shp/.wl	1:500~1:10000	各阶段
5	境界及行政区划	.dwg/.dxf/.shp/.wl	1:500~1:10000	各阶段
6	地形与土质	.dwg/.dxf/.shp/.wl	1:500~1:10000	各阶段
7	植被覆盖	.dwg/.dxf/.shp/.wl	1:500~1:10000	各阶段
8	重要科学测站	.dwg/.dxf/.shp/.wl	1:500~1:10000	各阶段

注 各类型公用基础地理信息数据规格详见《基础地理信息要素分类与代码》(GB/T 13923—2006)。

4.1.2 专业数据需求

在水利水电工程施工过程中,不同阶段涉及不同专业的相关数据,获取的数据应充分考虑现势性及可靠性。3S集成应用宜结合项目阶段综合考虑,保证各阶段数据的系统性、连续性。在3S集成应用项目开展之前,应编制3S集成应用方案,明确各专业各阶段收集数据的类型、精度、格式及处理方法,提出成果与质量控制要求。

4.2 3S技术集成数据获取

水利水电工程一般规模较大,对当地社会、经济、环境等都具有重大的影响。为了权衡利弊,趋利避害,其勘察设计考虑因素和所需资料众多,主要包括地形、地貌、地质、水文气象、交通、供水、供电、通信、生产企业及物资供应、人文地理、社会经济、自然条件等,且需对相关资料进行综合性分析与考虑。

基础数据主要包括测绘、地质、水文等基础资料。通过对基础资料的收集与整编,以项目应用阶段与需求为中心,对不同的数据进行分析,在充分满足项目需求的同时减少数据冗余,充分发挥3S集成应用、计算机技术、三维建模与可视化技术等优势,应用专业软件等手段对收集的数据进行处理、转化、建模与可视化,快速、高效率、低成本完成工程前期勘测设计工作。

4.2.1 基础地理信息数据获取

基础地理信息数据包括控制成果、DEM、DSM、DOM、DLG、DRG、点云数据、卫星影像、航拍像片等数据。数据获取之前应先获取所在地的国家基准,国际工程亦可采用WGS-84坐标系统及大地高。

基础地理信息数据获取可通过HydroBIM工程知识资源系统、项目业主、互联网、国内外测绘相关机构、数据提供商收集，亦可按需购买高清卫星影像、数字高程模型、区域地质资料等数据。基础地理信息数据获取流程见图 4.2-1。

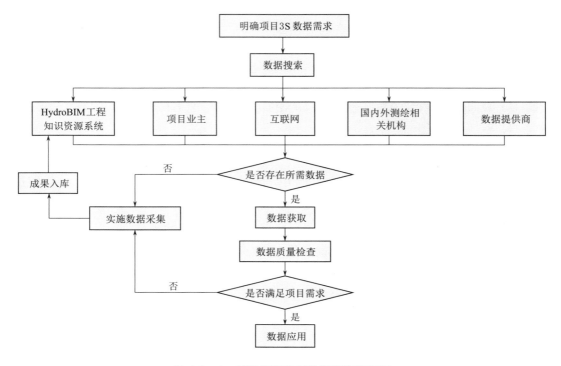

图 4.2-1　基础地理信息数据获取流程图

目前免费或廉价的地形数据网站很多，可获取多种精度、多种比例尺的高程数据或地形数据，常用资源网站见表 4.2-1。利用这些网站基本能获取到全球范围内（不含不易到达区域）较高精度地形数据、影像数据、矢量数据等 GIS 数据。如果通过免费方式无法下载或精度无法满足要求，可以补充购买商业数据，商业卫星及对应成图比例尺见表 4.2-2。数字高程模型（DEM）格网分辨率与地形图比例尺之间没有严格意义上的关系，换算关系见表 4.2-3。

表 4.2-1　　　　　　　　　　　　免费或廉价的地形数据网站

数　据	精度	范围	网　　站	说　明
ETOPO1	1 弧分	全球	National Oceanic and Atmospheric Administration	陆地和海洋水深
GMRT	100m	全球	The Global Multi-Resolution Topography	陆地和海洋水深
Open Topography	多精度	分散	Open Topography	点云和地形
GeoSpatial	多精度	全球	East View Geospatial	地形、影像

表 4.2 - 2   商业卫星及对应成图比例尺

卫 星	全色分辨率/m	测图比例尺	卫 星	全色分辨率/m	测图比例尺
WorldView - 1	0.45 (0.5)	1：5000	Ikonos	1	1：10000
WorldView - 2	0.46 (0.5)	1：5000	ALOS	2.5	1：25000
WorldView - 3	0.31	1：2000	IRS - P5	2.5	1：25000
WorldView - 4	0.31	1：2000	IRS - P6	5.8	1：50000
QuickBird	0.61~0.72	1：10000	SPOT - 5	2.5	1：25000
GeoEye - 1	0.41~0.5	1：5000			

表 4.2 - 3   数字高程模型（DEM）格网分辨率与地形图比例尺换算

比例尺	1：500	1：1000	1：2000	1：5000	1：1 万	1：2.5 万	1：5 万
DEM 分辨率/m	0.5	1	2	2.5	5	10	25

4.2.2　基础地理信息数据采集

4.2.2.1　控制成果采集

1. GNSS 控制测量和导线测量

（1）坐标系统的确定。水库区平面控制网的坐标系统应与现行国家坐标系统相一致，并采用 3°带高斯投影，以靠近水库区中部的子午线作为中央子午线。国外采用通用横墨卡托格网系统（Universal Transverse Mercator，UTM）投影的水电工程，由于按 6°进行分带，在某些区域投影变形要远大于按 3°分带的高斯投影，故大比例尺地形测图应减小投影变形。

（2）控制网的布置。GNSS 控制网覆盖区域主要是干流和主要支流淹没线所围的范围，控制点埋设高程须高于正常蓄水位。导线网可作为 GNSS 控制网的加密网，对于峡谷、两岸植被茂密的地区，或中、小型水库，也可直接作为首级网。导线误差传递较大，导线长度应受到严格限制。GNSS 控制网的等级和控制点布设间距根据水库规模大小及重要性确定。GNSS 控制点一般分布在水库两岸，由 2~4 个点组成一组，二、三、四、五等 GNSS 控制网的平均边长依次不超过 8km、4km、2km、1km。特殊情况下，可根据《全球定位系统（GPS）测量规范》（GB/T 18314—2009）中 B、C 级网的要求，相邻点平均距离达 50km、20km。

（3）控制网的观测。当前，支持多星、多频、高精度已经成为 GNSS 接收机的发展趋势，各种类型接收机的性能逐渐趋同，接收机的价格也日趋下降，在水库 GNSS 控制网观测时，选择 8 台以上 GNSS 接收机同时观测可以大幅减少迁站次数，大量增加多余观测，对保证外业观测质量和效率具有较大优势。导线观测采用全站仪方向观测法，边长观测值通过对测量值进行测距仪加乘常数改正、气象改正、改平和投影等计算后使用。

（4）起算点引测。水电工程水库区平面控制网与国家平面控制点引测的方法主要有：①采用 GNSS 或全站仪与水库区附近的至少 2 个国家点组网进行引测；②采用连续参考站与水库控制点同步观测数据进行解算获取；③采用精密单点定位 GPS 接收机测量已知点的坐标，以求取地心坐标与当地坐标的转换参数。由于受到已知点数量、精度、分布和观测误差的影响，转换参数的精度具有不确定性。因此，使用该方法时应加强检核。

（5）控制网数据处理。GNSS 控制网数据处理软件和数据处理策略是保证 GNSS 控制网数据处理质量的关键要素。目前市场上的商业软件有天宝公司的 TBC、徕卡公司的 LGO、南方测绘公司的 STC、中海达公司的 HGO、华测公司的 CGO 和武汉大学的 COSA 等；对于长距离的 GNSS 控制网，通常采用 GAMIT/GLOBK 等。国外软件在水库测绘中已形成较成熟的使用经验，成果质量和可靠性较高；国产软件总体相差不大，使用经验正在逐步积累。

GNSS 控制网数据处理流程为：①观测数据检查、输入；②基线解算；③基线解算质量检验，闭合环坐标分量闭合差和全长闭合差检验、复测基线长度较差检核；④三维无约束平差，基线向量残差检验；⑤二维、三维约束平差，精度评定。

GNSS 控制网数据处理过程中应注意的质量控制方法为：①对外业观测手簿进行仔细检查，检查天线高和天线类型的输入是否正确，特别是含有不同接收机的观测数据时。②基线处理需要反复进行，从重复基线、环闭合差、无约束平差、高程平差、平面平差各个环节进行分析，对反复处理后精度仍太低的基线则应予以剔除。③基线解算质量通常用解类型、水平精度、垂直精度、均方根、基线残差、数据删除率、复测基线长度较差、同步环闭合差、异步环闭合差、无约束平差基线向量残差、约束平差边长相对中误差来检验，其中水平精度、垂直精度、均方根、基线残差被称为参考指标。基于统计学的原理，参考指标不作为判定质量是否合格的依据。数据删除率、复测基线长度较差、同步环闭合差、异步环闭合差、无约束平差基线向量残差、约束平差边长相对中误差被称为控制指标。在工程应用中，控制指标必须满足检核条件。

导线网数据处理流程为：边长化算、外业检验和坐标概算；有约束条件的，按照最小二乘法进行经典平差和精度评定。

2. 水准网和三角高程网

（1）高程系统的确定。水库区高程系统应与现行国家高程系统相一致。高程系统一旦确定后，在水电工程的后续设计阶段不宜更改。

（2）水准网和电磁波测距三角高程网的布置和观测。水准网沿着公路或小路布置，通常顺河流两岸施测。电磁波测距三角高程网沿导线路线布设。由于GNSS控制网需要连测正常高，因此水准点应与GNSS控制点就近埋设，或三角高程控制点与GNSS控制点同点布置，并且数量越多越好。

（3）起算点连测。通常采用水准、三角高程、GNSS高程测量方法连测水准控制点；采用精密单点定位GPS接收机连测高程时，由于受到已知点精度、观测误差和模型误差的影响，高程异常精度具有不确定性。因此，使用该方法时应加强检核。

（4）数据处理。对水准测段高差观测成果加尺长改正、大地水准面不平行改正和闭合差改正，二等及以上还需加重力异常改正；对三角高程测段高差观测成果加入球气差改正；对测段往返高差和符合路线（环）闭合差不符值进行检验；具有约束条件的，按照最小二乘法进行经典平差和精度评定。

4.2.2.2 无人机影像数据采集

无人机影像数据采集流程见图4.2-2。

1. 航摄计划

根据任务需要制定航摄计划。航摄计划应包括以下内容：

（1）摄区范围与地物地貌特征的了解。应了解测区自然地理概况，是建筑密集区、郊区或山区，根据高差情况及踏勘情况掌握测区是否有高大建筑、高压线等构（建）筑物及附属设施。

（2）飞行平台的选择。根据高差大小选择是否具有仿地飞行功能的飞行平台；根据测区风力情况，选择多轴旋翼或抗风性较好的飞行平台；根据测区面积大小选择固定翼或多旋翼飞行平台。

（3）航摄仪类型、技术参数和航摄附属仪器参数的要求。使用的倾斜数字航摄仪基本性能应满足以下要求：

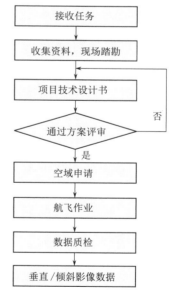

图 4.2-2 无人机影像数据
采集流程

1）带有曝光信号反馈装置，能稳定输出和记录曝光脉冲。

2）摄影仪各相机之间的相对位置和姿态关系固定。

3）下视相机应进行相机检校，检校参数为像幅大小、像元尺寸、相机焦距、像主点位置及径向切向畸变系数等。侧视相机应明确其像幅大小、像元尺寸、相机焦距。

4）在选择倾斜航摄仪时，通常应选择侧视相机镜头焦距与下视镜头相机焦距的比值约为 1.4 的倾斜航摄仪，这样能够保证采集的侧视影像中心点分辨率与下视影像中心点分辨率接近，建模效果较好。

5）对于常规三维建模，倾斜航摄仪可以采用普通的内对围绕式（图 4.2 - 3）五拼镜头。当用于地籍测量或者古建筑建模时，倾斜相机五个镜头的排列方式应采用大侧视角度平行式布局（图 4.2 - 4）。

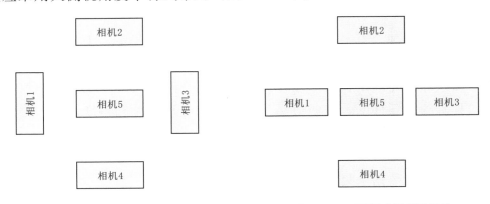

图 4.2 - 3 内对围绕式倾斜五相机   图 4.2 - 4 平行式倾斜五相机

（4）航摄时间及天气的选择。航飞天气应选择天气晴朗、较为通透、能见度较大的时间段，通常在上午 10 点至下午 3 点为最佳航摄时间；同时航飞数据采集时，起飞和降落时地面风力不宜过大。

2. 航摄设计

（1）设计用基础地理数据的选择。通常在进行测区航线规划时，选用的数字高程模型为从网络上下载的 SRTM 分辨率为 30 米的免费 DEM 数据，不同飞行平台都有自己对应的地面站软件，通常集成的都有 DEM 高程信息。

（2）航摄分区的划分。划分航摄分区应遵循以下原则：

1）航摄区域划分一般应按《数字航空摄影规范 第 1 部分：框幅式数字航空摄影》（GB/T 27920.1—2011）执行；高差较大区域，在保证分辨率、重叠度的前提下可适当放宽。

2）在满足分辨率与重叠度要求的前提下，分区的跨度应尽量大。

3）同一类型区域中，单个连续区域可划分为单个测区；若数个不同连续区域，区域之间距离为 1～1.5 倍航高，则可全部划分为一个测区。

4）根据地物类别，连续大片植被区域、农田区域、山地区域、非带状水面区域，可划分为一个分区。

5）根据不同比例尺要求和不同采集设备确定采集分区。

（3）分区基准面高度的确定。依据分区地形起伏、飞行安全条件等确定分区基准面高度，一般应选取分区内低点平均高程为基准面高度。

（4）摄区、分区覆盖要求：

1）航向覆盖应超出分区边界线一定的基线数，旁向覆盖应超出分区边界线一定的航线数，计算公式为

$$理论超出值 = \frac{\tan\theta}{2\tan\dfrac{\beta}{2} \cdot (1-P)} \qquad (4.2-1)$$

式中：θ 为倾斜相机角度，（°）；β 为斜相机视场角，（°）；P 为航向或旁向重叠度。

在实际飞行中，由于大气等各因素的影响，航向或旁向覆盖超出边界线的实际值一般按下式计算：

$$基线数 = 理论超出值 + 2 \qquad (4.2-2)$$
$$航线数 = 理论超出值 + 1 \qquad (4.2-3)$$

2）摄区覆盖要求与分区覆盖要求相同。

（5）航线敷设应遵循的原则有：①航线按摄区范围特征直线敷设；②曝光点依地形起伏、建筑物高低采用 DEM 或 DSM 设计；③水域摄影时应尽可能避免垂直影像像主点落水。航摄成果用于三维建模时，航线敷设宜遵循的原则有：①建筑物低矮、稀疏区域按大部分建筑物分布、朝向以及地形敷设；②建筑物高大、密集区域可交叉敷设或加大航向和旁向重叠度。

（6）航摄季节、航摄时间的选择。航摄季节和航摄时间的选择一般应遵循以下原则：

1）航摄季节应选择摄区最有利的气象条件，应尽量避免或减少积雪、洪水、扬沙等对摄影的不利影响，确保航摄影像能够真实地显现地表细部。

2）航摄时间一般应根据表 4.2-4 规定的摄区太阳高度角和阴影倍数确定。

表 4.2-4　　　　　　　　摄区太阳高度角和阴影倍数

地形类别	太阳高度角/（°）	阴影倍数
平地	＞20	＜3
丘陵地，一般城镇	＞25	＜2.1
山地，大、中城市	≥40	≤1.2

3）陡峭山区和高层建筑物密集区域应在当地正午前后各 1h 内摄影，条件允许时，可实施云下摄影。

（7）垂直影像地面分辨率、航向和旁向重叠度。无人机倾斜航摄最重要的两个输入参数为垂直影像（或下视相机）的地面分辨率和重叠度。针对不同的测区类型、不同的测区环境，倾斜数据采集时其垂直影像地面分辨率和重叠度设置见表 4.2 - 5。

表 4. 2 - 5　　　　　　不同测图比例尺对应的分辨率和重叠度设置

比 例 尺	分 辨 率	重 叠 度	
		航　向	旁　向
1∶500	≤3cm	优于 75%	优于 65%
1∶1000	≤8cm	优于 75%	优于 65%
1∶2000	≤15cm	优于 65%	优于 55%

针对不同等级三维模型制作，航线设计时对应的影像地面分辨率和重叠度设置见表 4.2 - 6。

表 4. 2 - 6　　　　　　不同模型等级对应的分辨率和重叠度设置

模型精细等级	分 辨 率 /cm	重 叠 度	
		航　向	旁　向
S	1＋补拍	优于 85%	优于 85%
B	1.5	优于 80%	优于 70%
D	3	优于 75%	优于 65%
A	1	优于 80%	优于 80%
C	2	优于 80%	优于 70%
E	5	优于 70%	优于 60%

轻型无人机或者手持相机用于对建筑细节、被遮挡的地方进行补拍或采集临近地面的底层数据；处理时采取数据融合手段增强模型效果。

3. 航摄质量控制

（1）质量要求：

1）影像重叠度。影像重叠度一般应符合上文航摄设计中（7）中的要求。

2）垂直影像倾斜角。垂直影像倾斜角一般不应大于 3°，最大不应大于 6°。

3）垂直影像旋偏角。垂直影像旋偏角一般不应大于 25°，在确保影像航向和旁向重叠度满足要求的前提下最大不应大于 35°；航摄成果用于测图时，垂直影像旋偏角应满足《数字航空摄影规范　第 1 部分：框幅式数字航空摄影》（GB/T 27920.1—2011）要求。

4）航线弯曲度。航线弯曲度一般不大于1‰，当航线长度小于5000m时，航线弯曲度最大不大于3‰。

5）航高保持。针对航摄平飞时，需检查同一航线上相邻影像的航高差一般不应大于30m；最大航高与最小航高之差一般不应大于50m。实际航高与设计航高之差不应大于50m。仿地飞行时由于航高时刻都在变化，因此不进行"航高保持"的检查内容。

6）摄区、分区覆盖保证。摄区、分区覆盖一般应符合上文航摄设计中（4）的要求。

7）飞行记录资料的填写。每次飞行结束，应由摄影员填写航摄飞行记录表。

（2）影像质量要求。影像质量要求应符合GB/T 27920.1—2011中对影像质量的要求。

（3）补摄。对于穿云、有雾、表征质量不佳的数据应进行补摄，补摄时应遵循以下原则：

1）应采用前一次航摄飞行的倾斜数字航摄仪补摄。

2）漏洞补摄应按原设计要求进行。

3）补摄航线的两端应超出漏洞之外2～3条基线。

4. 倾斜航摄数据质检

数据采集完成后，由项目负责人组织检查人员对航飞的影像数据质量进行检查，数据检查需填写检查记录，形成航摄数据质量检查验收报告。

（1）检查范围。航摄执行单位应按要求对飞行质量和影像质量进行检查。

（2）检查项目和方法。

成果质量检查项目包括影像重叠度、影像倾斜角、影像旋偏角、航线弯曲度、航高保持、摄区分区覆盖完整性、影像质量、IMU/GNSS成果质量。

影像重叠度、影像倾斜角、影像旋偏角、航线弯曲度、航高保持采用核查分析、对比分析法进行质量检查。影像质量采用核查分析法进行质量检查。影像质量检查内容包括影像外观、像点位移、垂直影像几何精度和影像完整性。

影像重叠度、影像倾斜角、航高保持的检查方法按GB/T 27920.1—2011中6.2节的规定执行。影像旋偏角、航线弯曲度、摄区分区覆盖完整性、影像质量的检查方法按CH/T 1029.2—2013中6.2、6.3节的规定执行。IMU/GNSS成果质量检查按照GB/T 27919—2011中第8章的规定执行。

4.2.2.3 机载LiDAR数据采集

机载LiDAR数据外业采集的主要工作流程与常规航空摄影测量相同，主要包括航摄准备、航摄数据采集、数据预处理三个环节，其作业流程见图4.2-5。

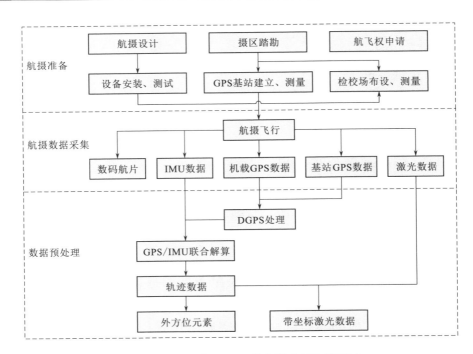

图 4.2 - 5　机载 LiDAR 数据外业采集流程图

1. 航摄准备

航摄设计是飞行作业前的首要任务，它是整个航摄工作的重要组成部分。主要是依据航空摄影技术设计规范以及航摄任务书的要求制定可行的航测技术实施方案，包括航摄范围、技术参数确定、航线规划、作业参数设计、地面基站布设等重要内容。航摄设计在机载 LiDAR 的整个作业流程中是质量控制的重要环节。

2. 航摄数据采集

在飞机起飞前打开地面基准站上的 GPS 接收机，使其处于正常工作的状态；飞机起飞后在飞到测区之前，先进行"8"字飞行，然后直飞 5min 左右，以保证 POS 系统（position and orientation system）处于最佳工作状态。然后进入测区采集数据，按设计航线自动飞行，扫描仪及相机、POS 系统按设定的参数进行数据采集；数据采集完之后再直飞 5min、倒"8"字飞行，落地后静止几分钟，再关闭 POS 系统；地面基站 GPS 接收机待飞机 POS 系统关闭 30min 后再关闭。在采集数据时，要保证 LiDAR 系统的飞行控制、激光扫描测量、数码相机测量三部分正常同步工作。

每天的飞行作业结束后应下载相应的激光点云、影像、GPS、IMU 等数据，并对数据的完整性进行检查，对数据质量进行分析，出现质量问题时应进行补飞或重飞。

3. 数据预处理

机载 LiDAR 采集获得的原始数据包括原始激光点云数据、原始数码影像数据、POS 文件（包括机载 GPS 数据、IMU 数据）、地面站 GPS 数据。原始激光数据仅包含每个激光点的发射角、测量距离、发射率等信息；原始数码影像数据也只是普通的数码影像，都没有坐标、姿态等空间信息。因此，首先需要对原始数据进行定位、定向处理（即数据预处理），经过数据预处理后，才能使激光和影像数据具有大地空间坐标和姿态等信息。数据预处理主要包括以下步骤：

（1）激光点云数据定位。利用与机载激光雷达相连接的机载 GPS 接收机和地面基准站 GPS 接收机同步连续观测的 GPS 卫星信号，以及同时记录的瞬时激光脉冲和数码相机开启脉冲的记录时间，通过离线 DGPS（差分全球定位系统）差分定位数据处理计算得到激光点云的初始三维坐标。

DGPS 差分定位需要在地面布设基准站（架设在已知点上），与机载 GPS 接收机进行同步观测。基准站布设的多少和位置根据测区大小、地形及数据精度要求等具体确定。一般情况下，为保证仪器工作的同步性及初始化精度，机场需布设一个基准站，若测区面积较小且距离机场较近，在机场布设一个基准站就可以满足要求；若测区范围比较大，或为带状区域，或地形为山地，则需要在测区增设一个或多个基准站。

（2）激光点云数据定向。DGPS 记录了传感器的位置和速率，但其动态性能差，不能量测传感器瞬时快速的变化，而 IMU 数据刚好记录了机载激光雷达的瞬时姿态信息（即横滚角、俯仰角和航偏角），因此用 IMU 的数据来改正 GPS 的瞬时位置和姿态，同时用 GPS 数据准确定位其位置。这种 GPS/IMU 数据处理通常用卡尔曼滤波的方式实现。

（3）激光点云数据检校。在航飞过程中，IMU 和激光扫描仪的相对姿态可能会发生微小的变化，从而对激光点云数据产生影响，造成不同航带、不同架次的激光数据不能进行接边或接边精度差。为消除这种影响，通常要对"大地定向"后的激光点云数据进行检查。若数据质量较好，则可以直接进行数据加工；若数据存在问题，则需对数据进行检校。检校参数通常是指偏心角分量，即航向角、横滚角、俯仰角的偏心角分量。

通常的做法是，先在检校场数据中选择典型的地形数据进行检校，得到理想的检校参数后，再应用到整个检校场；若还有问题，经过微调即可得到一组检校参数，将该组检校参数应用到整个测区，即可实现对测区激光点云数据的检校。经过检校的点云数据，不同航带、不同架次的数据都能很好地匹配，由此可进行进一步的数据处理。

（4）激光点云数据坐标转换。检校后的激光点云数据为 WGS - 84 坐标系，一般工程应用要求的成果坐标为工程坐标系。要完成两套坐标系统之间的转换，首先需要得到控制点在两套坐标系统中的坐标，求出转换参数，然后将激光点云数据转换为工程坐标系，基于此生产的 DEM、DSM 等数字产品也需要在工程坐标系下。

另外，GPS 定位的高程是以椭球面为基准的大地高，不是实际工程需要的以大地水准面为基准的正常高。如果测区面积较小，高程系统的转换比较简单，根据控制点在两套坐标系统中的高程，求得高程异常，便可实现激光点云数据的高程系统转换。如果面积很大，需要在测区内利用若干已知点建立高程异常模型进行改正。

（5）影像外方位元素确定。相机与激光扫描仪的相对位置参数由厂家提供，联合定位信息可以得到相机的 POS 文件，包括相机在各个 GPS 采样时间的位置信息、姿态信息及速度。初始 POS 文件在 WGS - 84 坐标系下，可以根据生产需要将航迹文件转换至相应工程坐标系，转换方法与激光点云数据坐标转换方法相同。

4.2.2.4 地面三维点云数据采集

地面三维点云外业采集总体工作流程包括技术准备与技术设计、外业数据采集、数据预处理三个环节（图 4.2 - 6）。

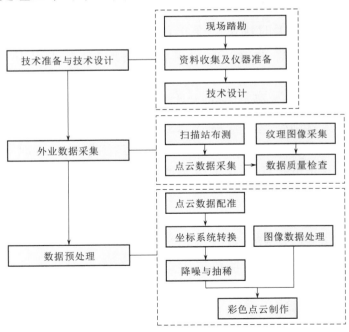

图 4.2 - 6 地面三维点云外业采集工作流程

1. 技术准备与技术设计

三维数据现场采集工作首先需要对现场进行踏勘，了解作业区域的自然地理、人文及交通状况，确定扫描工作范围和测区情况，特别是周围环境如植被、建筑物、地形等特征，根据测区情况选择控制网和扫描站的布设方式等。根据项目的规模和工期要求，选择符合要求的地面三维激光扫描仪。

2. 外业数据采集

地面三维激光扫描外业数据主要是获取点云数据和影像数据，通过设置采样分辨率、扫描距离、扫描水平角、垂直角以及环境参数进行目标体表面数据采集，同时利用仪器内置或外置的相机获取目标体的影像信息数据。

根据扫描区空间位置及范围，综合考虑树木、建筑物等对目标区的遮挡等环境条件，选定扫描测站点；确定扫描测站后，根据机位设置坐标控制标靶，同时还需设置拼接特征点标靶；设置扫描参数，主要包括内置相机参数、扫描范围、扫描平均距离、采样点间距、标靶识别等内容；对于大地坐标控制标靶需用全站仪或GPS设备进行坐标测量；移站扫描重复上面步骤，直至整个扫描工作完成。如需进行外置相机彩色信息耦合，还需对扫描目标进行彩色信息采集。

（1）点云数据采集的扫描测站选取。三维激光扫描数据现场获取时，一个重要步骤就是扫描测站的选取，合理的机位点不但可以提高效率、节省时间、减少遮挡、空位和盲区，减少数据拼接、减少数据的累积误差等，而且可以提高扫描数据质量，改善点云数据拼接精度。现场三维数据的获取方式与研究对象的复杂程度、要表现的精细程度、扫描设备的特性等都有很大关系，不同品牌的扫描设备其现场数据采集机位点的选择不尽相同。在选择扫描站点的时候应需注意以下问题：数据的可拼接性，点云数据的匹配性，激光入射角的影响，扫描测站的稳定性，重叠部位的选择，点云数据重叠精度等。

（2）彩色信息与灰度值获取。三维激光扫描技术在获取三维点坐标的同时，也根据反射激光的强弱获取了扫描目标体的灰度信息值，其灰度值与扫描目标体属性及激光本身特性相关。彩色信息主要是通过数码相机获取彩色影像，将目标物体的彩色影像与点云数据进行纹理映射匹配，即将二维像片的像素点与三维点数据进行匹配，匹配后的点云数据就具备了彩色信息。

3. 数据预处理

对现场获取的三维点云数据的处理，主要包括点云数据预处理、多站点扫描数据的拼接匹配、坐标转换、外置数码相机贴图以及三角面片模型化等处理。经过以上步骤的数据处理便可以对有用的信息进行识别、提取，获得所需的点云数据。

（1）点云数据预处理。点云数据预处理应主要包括点云去噪、点云拼接、坐标转换等工作。不同的仪器其预处理内容稍有差异。

由于扫描仪在现场使用中工作环境复杂，尤其在施工现场工作时，施工机械移动，人员走动，树木、建筑物遮挡，施工浮尘及扫描目标本身反射特性不均匀等因素，将会造成扫描获取的点云数据的不稳定点和噪声点，在后期处理中对这些点云数据要进行剔除，这个过程称为点云的去噪。点云的去噪是数据预处理的一个重要过程，对数据结果有重要影响。

所获得的不同视角扫描点云数据都是以扫描仪位置为参考点的独立坐标系统，各站扫描点云数据坐标互不关联，因此必须对所获取的扫描点云数据进行拼接及坐标转换，将扫描数据坐标统一到大地坐标系中。常见的配准方法包括四元数配准算法、七参数配准算法、迭代最近点算法等。

（2）点云数据处理。地面三维激光扫描数据处理应主要包括彩色纹理映射、点云数据分类、点云数据抽稀、地形要素提取等工作。

1）彩色纹理映射。纹理映射主要实现点云数据和影像数据的匹配融合。采用数码相机采集图片，光线应尽可能地均匀；扫描完毕以后进行影像的拼接及合并工作。在立体模型生成以后，将 3D 的立体模型相应分成几个部分，将 2D 图片映射到 3D 模型面上，使 3D 模型上显示物体彩色的二维纹理信息及细节特征。

2）点云数据分类。点云数据分类是将所有类似于同类物体的点同层归类，不同类物体用不同的颜色显示，可归为地面点层、植被层、建筑物层等。分类处理分为自动分类和手工分类两种。自动分类出如最低点、低于地表点、地表点等，其中地表点分类是以通过反复建立地表三角网模型的方式分离出来的。如建立模型可按实际地形设置植被高度范围、地表坡度、构建平面的夹角等信息，区域信息输入越准确，其分离越准确，越有利于提高地形图等高线的提取精度。

3）点云数据抽稀。点云数据抽稀的目的是用一定密度的数据真实还原扫描的地形地貌，用最少的点表示最多的信息，并在此基础上追求更快的速度。

4.2.2.5 水下地形测绘数据采集

水下地形测绘在水利水电工程中是非常关键的工作内容，水下地形测绘数据采集主要利用单波束、多波束测深系统进行。下面以多波束测深系统为例，对水下地形测绘数据采集进行说明。

1. 多波束测深系统测量

多波束测深系统在测量定位上一般采用 DGPS 或 RTK 的方式，DGPS 定位精度可达到亚米级，RTK 定位精度可达到厘米级。水库水下地形测量中通常采用 RTK 定位。

（1）设备安装调试。多波束数据采集设备安装主要包括换能器、罗经和 GPS 三部分。设备安装完毕后精确测量三者几何位置关系，并换算成船体坐标系三维坐标。将设备连接好，进行通电测试，验证各设备信号输入是否正常，能否进行数据采集及存储等。

（2）RTK 基站架设。在水库岸边通视条件较好的地方设置参考站，连续接收可见 GPS 卫星信号，并通过数据链电台实时将测站坐标及观测数据传送到流动站。

（3）声速剖面测量。开展作业前，使用声速剖面仪精确测量声速剖面，测量过程中每隔 2～3 天测量一次声速剖面，若温差较大，应在早、中、晚各测量一次。

（4）水深值比对。多波束测深系统在正式开展水深数据采集之前必须进行水深值的比对工作。主要采用测深竿、测深绳、单波束等进行比对，较差满足规范精度要求后方可开展作业。

（5）系统校准。进行横摇、纵摇和艏摇偏差校准，在数据后处理中进行系统偏差改正，数据外业采集过程中一般不进行实时改正。

（6）外业数据采集。

1）测线布置。多波束外业数据采集前，为保证水下地形全覆盖测量，需要对测线布设和船速进行技术设计。水下地形全覆盖测量要求波束横向重叠率（即条带重叠率）和纵向重叠率达到项目技术设计要求。若波束重叠率过小，将产生测量遗漏；若重叠率过大，势必影响测量效率。因此，只有选择适当的测线间距和船速，才能在兼顾全覆盖探测的同时，有效提高多波束测量效率。通常主测深线沿平行等深线方向分段布设，检查测深线沿垂直等深线方向布设且与主测深线相交。

2）测线间距设计。多波束探测脚印是发射波束与接收波束在海底的交叉重叠区域，由纵横两条波束交叉形成，假设用矩形概略表示（图 4.2-7）。从图 4.2-7 中可以直观看出，单个波束矩形长宽与斜距 D_i、垂直航迹波束角 θ_i（横向）和沿航迹波束角 α（纵向）有关。多个波束矩形长度累加即得到条带横

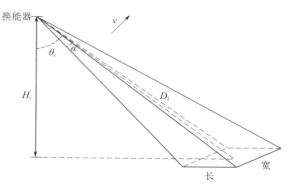

图 4.2-7 单个多波束探测脚印示意图

向覆盖宽度，矩形宽度即为波束纵向覆盖宽度。为保证水下地形全覆盖测量，必须保证条带之间横向覆盖和纵向覆盖有一定的重叠度。

条带重叠率是相邻测线间条带重叠部分与测线间距的百分比。全覆盖测量中，相邻主测深线间距应不大于条带有效测量宽度的 80%，测线间条带重叠率应大于 10%，条带重叠率计算式为

$$\gamma = \frac{L}{D} \times 100\% \tag{4.2-4}$$

式中：γ 为条带重叠率；L 为相邻测线间条带重叠的宽度；D 为相邻测线间距。

3）船速设计。为保证波束纵向重叠率满足规范要求，在测量过程中，需要对测量船的速度实行实时监控，测量作业中最大船速计算式为

$$v = 2\tan\frac{\alpha}{2}(H - D)N \tag{4.2-5}$$

式中：v 为最大船速，m/s；α 为纵向波束角，（°）；H 为测区内最浅水深，m；D 为换能器吃水，m；N 为多波束的实际数据更新率，Hz。

从上式可以看出，最大船速主要与测区内最浅水深有关，而在水库测量中，一般按照测线在水库中位置的平均水深计算最大船速，分区选择航行速度。

4）风浪影响的控制。船只在航行过程中产生摇晃，测量船和换能器的姿态将不断发生改变，摆动幅度较大时，导致发射和接收波束的覆盖区分离，边缘波束无法被换能器接收到或者接收到回波信号杂乱无章。因此，为保证多波束全覆盖测量，应综合考虑安装偏差、声线弯曲、风浪以及水下地形的综合影响，合理布设测线，选择合适船速。作业过程中，若条带之间存在遗漏缝隙，忌急转方向，应直线行驶进行补测。

5）测船航行控制。在水库或河流测量时，主测线通常沿平行水边线布设，船的航向主要分为顺流行驶和逆流行驶。顺流行驶过程中，行驶速度较快，不易控制航向；逆流行驶过程中，行驶速度较慢，易于控制航向，因此最好逆流行驶。水流过大过急，会导致声呐探头抖动，波束发散，无法接受反射波束，测量时探头必须固定牢靠。

6）其他注意事项。在外业采集前，需先设置表面声速值，表面声速值直接影响多波束外业采集的质量，且后期数据处理难以修正。测量过程要随时对声呐进行控制，主要有波束张角大小、中央波束方向、声呐功率、最小和最大水深值。控制张角大小，既保证足够的条带覆盖率，又尽量避免采集边缘离散度较大的点。中央波束方向通常指向船底正下方，根据水下地形变化，适当向

左向右进行细微调整，保证数据采集覆盖不重不漏。浅水区降低波束发射功率，深水区增大波束发射功率，从而防止浅水区功率过大，产生噪声点，深水区功率过小，采集质量不高。根据实际地形设置最小和最大水深值，剔除该范围之外的噪声点。

2. 多波束测深系统数据处理

外业数据采集完成后，需要进行规范化和标准化的数据处理，主要包括剔除噪声点、数据平滑、声速改正、水位改正、姿态改正、测深点坐标位置归算、成图以及各种格式的成图文件输出。目前主要采用的多波束数据处理软件有 TELEDYNE 公司的 CARIS HIPS/SIPS、QPS 公司的 QINSy、Kongsberg Simrad 公司的 Neptune 等，其中 CARIS HIPS/SIPS 是使用最广泛的多波束数据处理软件，其数据处理总流程见图 4.2 - 8。

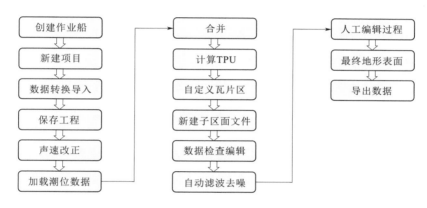

图 4.2 - 8　CARIS HIPS/SIPS 数据处理总流程

4.2.3　专业数据获取

4.2.3.1　水文专业

流域卫星遥测降水、气温、蒸发等专业数据的获取，可充分利用互联网收集国内外正规机构发布的数据，并验证其精度，在规划设计、施工运营管理中使用。实测站点的气象、水文泥沙资料收集的主要手段和方法是现场踏勘、调查、业主提供、向有关机构购买等，同时充分利用互联网收集国内外正规机构发布的公开资料。

4.2.3.2　地质专业

各类地质资料的收集方式一般按以下程序逐步开展：

（1）地质资料。对于小比例尺的地质、地震图件、文字资料及遥感影像，可从国内外地震、地质科研机构或职能部门的网站上收集，亦可利用商业软件下载，还可二次利用测绘专业数据。对于国外工程，应登录工作区所在国家或地区的地质职能部门网站，明确工作区以往区调工作深度及现有成果精度，并根据勘察设计阶段的不同，选择合适精度的区域地质资料；如在上述网站搜索不到相应信息，可进一步到国外商业网站继续搜索。对于国内工程，应从各级地矿部门或从事过本地区工作的科研部门购买比例尺为 1∶25 万的区域地质调查资料、地震、地质图件或专题研究报告等。

（2）遥感地质解译。在收集上述资料的基础上，依据 3S 技术应用基本流程，开展工作区遥感地质解译及复核工作以收集有价值的地质信息，总体把握区域地质环境，并作为近场区及工程区地质测绘的解译标志。

（3）数字化填图。对于需进一步开展地质调查的工作，应结合 HydroBIM － GeoGNSS 软件开展数字化填图工作，工作流程应满足《水利水电工程数字化填图技术指南》的要求，并将数字化填图成果作为解译标志以完善解译循环，提高地质判译成果的可靠性。

（4）物探。在有条件的情况下，应收集地质物探成果辅助判译，为前期解译成果提供间接证据，增加地质判译的可靠性。

（5）钻探、洞探、坑探、槽探等。针对需查明的重大工程地质问题，通过布置适量的钻探工作，收集工作成果来验证或纠正前期地质判译结论。

（6）试验。有条件的情况下应在钻探过程中开展原位试验或取样开展室内试验工作，收集试验成果来进一步验证或纠正前期地质判译结论。

4.2.3.3　物探专业

物探资料的获取分为工程前期勘察和施工质量检测两部分。根据物探方法对勘探目标的适应性，针对不同的工作任务，确定不同的物探方法或方法组合进行采集。

物探前期勘察获取的数据一般包括：①物探工作布置、测点、测线坐标；②工程区覆盖层、河床冲积层、软弱岩层、隐伏构造、主要地质灾害、不良地质体、岩体完整程度等情况；③根据物探探测成果，结合测绘、地质、勘探等资料，得出满足工程地质勘察和物探规程、规范精度要求的综合物探解释成果，主要有物性剖面、物性属性三维实体模型、推断地质解释三维模型等。

施工质量检测获取的数据一般包括：①物探检测工作布置图、物探检测工作三维布置图；②工程锚杆检测、衬砌质量检测、隧道检测、坝基检测、声波测试、钻孔彩色数字成像等成果资料；③工程检测成果的物性参数三维地质模型，以及依据物探检测建立的裂缝、空洞等缺陷的地质推断解释的三维模型；

④物探检测建立的坝基优化成果。

4.2.3.4　水工专业

水工专业需收集的3S专业资料均为水文、测绘、地质专业提供的资料成果。从数据类型可将资料成果分为两类：一类为文字、基础数据类资料；另一类为三维模型类资料（附BIM属性）。文字、基础数据类资料收集主要依靠上述专业共享文件获得。三维模型类资料（附BIM属性）收集要考虑三维模型的即时有效性，主要在三维设计协同平台上获得及时更新。

4.2.3.5　机电专业

机电专业需收集的3S资料均为水文、测绘、地质、水工专业提供的资料成果。从数据类型可将资料成果分为两类：一类为文字、数据类资料；另一类为三维模型类资料（附BIM属性）。文字、数据类资料收集主要依靠共享文件获得。三维模型类资料（附BIM属性）收集要考虑三维模型的即时有效性，主要在三维设计协同平台上获得及时更新。

4.2.3.6　施工专业

施工专业需收集的3S资料成果同水工专业，均为水文、测绘、地质等专业提供的资料成果，范围根据实际需求提供。

4.2.3.7　水库专业

水库专业需收集的3S专业资料包含两部分：①规划、施工、地质等专业提供的各类规划设计成果、设计参数等；②从行政主管部门获取的规划、统计、社会经济、土地利用开发情况等资料。

4.2.3.8　监测专业

GNSS变形监测系统需收集工程地质、水文、水工布置图等资料，通过分析资料确定监测范围、布置方式、系统规划组网等。

移动式变形监测主要涉及移动变形监测设备（含激光扫描模块、惯导模块、卫星定位模块、里程计和全景相机等）和InSAR等，需收集工程地质资料、监测仪器设备技术指标（精度、最大测量距离、最大测量速率、线扫描速度）等。

区域沉降监测采用星载InSAR，数据来源为购买的卫星数据。

监测专业获取工程枢纽模型、施工布置、监测图纸、监测数据等枢纽区结构监测信息,将结构监测信息导入可视化管理平台,实现工程安全监测可视化。监测专业收集工程枢纽区相关的工程建设管理信息,将各种文件格式的数据导入系统中集成展示,并对工程信息进行整理评价,以此进行工程安全预警。

4.2.3.9　环境专业

环境专业所需基本数据均由各专业提供,主要包括测绘、施工、水工专业等,具体所需资料及来源见表 4.2 - 7 和表 4.2 - 8。

表 4.2 - 7　　　　环境专业规划、预可研、可研阶段所需资料一览表

序号	所 需 资 料	资 料 来 源
1	工程地质资料	地质专业
2	水文、气象	规划及电力系统专业
3	土壤资料	查询年鉴
4	植被资料	查询年鉴
5	施工总布置图	施工专业
6	施工进度计划	施工专业
7	工程概况及相关主体设计资料	主体设计单位或业主提供
8	项目区地形图	测绘专业
9	土石方平衡及渣场规划	施工专业
10	实物指标调查成果	水库专业
11	工程占地资料	施工专业
12	推荐及比选方案工程量	施工专业
13	料场及比选资料	施工专业
14	主材及人工单价	造价专业
15	环境影响评价区内的遥感图片和数字高程模型	测绘专业

表 4.2 - 8　　　　环境专业招标及施工详图阶段所需资料一览表

序号	所 需 资 料	资 料 来 源
1	水土保持工程措施相关的地质资料	地质专业
2	环保工程措施及工程量	业主或施工单位
3	施工总布置图	施工专业
4	分标规划、各标工作内容等	业主
5	渣场、土石料场及其他工程措施典型设计图	施工专业
6	水土保持工程措施工程量及进度计划	业主或施工单位
7	施工总进度	施工专业
8	施工范围内局部地形图和遥感图	测绘专业

4.2.3.10 交通专业

交通专业除地形图资料外，还需收集的数据及要求见表4.2-9。

表4.2-9 交通专业所需数据一览表

数据种类	数据要求
地物与地貌	包括居民地及设施、独立地物、道路及附属设施、管线、水系及附属设施、境界、地貌和土质、植物、地理名称等。

4.3 3S技术集成数据处理与成果

3S基础资料由测绘专业统一进行处理并生产成果，各专业负责本专业数据处理并生产成果。

4.3.1 基础地理信息数据处理与成果

基础地理信息数据应采用统一的平面坐标系统和高程系统。当采用地方坐标系统时，应与国家统一坐标系统建立严密的转换关系。

对于收集到的基础地理信息数据，应进行分析、整理、数字化、坐标转换、匀光匀色等工作，使之满足3S集成应用的要求。

4.3.1.1 数字高程模型（DEM）产品生产

DEM数据应存储为栅格数据类型，按由西向东、由北向南的顺序排列，根据不同的比例尺进行存储。采用常见的通用栅格数据格式作为存储格式，如IMG格式。相邻存储单元之间不得出现漏洞，DEM数据应覆盖整个区域范围，接边范围的数据应有一定的重叠。相邻存储单元的DEM数据应能平滑衔接。数据接边后不应出现裂隙现象，重叠部分的高程应该一致。应对生成的DEM数据进行检查，避免出现异常值（高程为0或者极大值）。DEM主要生产方法包括航空摄影测量法、航天遥感测量法、地形等高线法，生产流程见图4.3-1。

4.3.1.2 数字线划地图（DLG）产品生产

DLG数据主要包括行政区划、河流、道路、地形地貌等地理信息数据。各地形要素的几何信息由描述要素空间特征的点、线及多边形矢量数据组成。内容和类型相同的数据放在同一图层中存储，经常采用矢量数据格式进行存

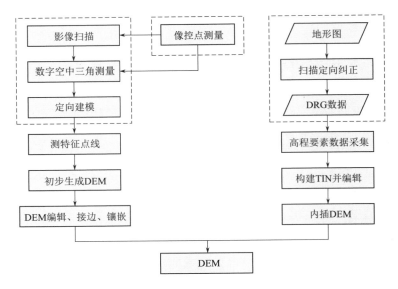

图 4.3 - 1 DEM 生产流程

储。生产主要采用航空摄影测量法、航天遥感测量法、地形图矢量化法及数字线划地图缩编法等，具体生产流程见图 4.3 - 2。

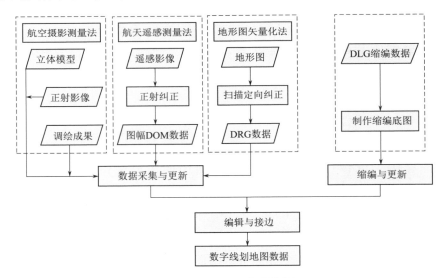

图 4.3 - 2 DLG 生产流程

4.3.1.3 数字正射影像地图（DOM）产品生产

DOM 是对航空（或航天）像片进行数字微分纠正和镶嵌，按一定图幅范围裁剪生成的数字正射影像集。它是同时具有地图几何精度和影像特征的图像。DOM 数据存储时，按由西向东、由北向南的顺序排列，根据不同的比例尺分幅（宜采用矩形分幅）及编号，根据不同的用途分别以总幅和分幅的形式存储，但总幅数据容量最好不超过 100GB，如果超过 100GB 可以按照矩形或多边形分成数幅存储。数据应存储为常见的通用栅格数据格式，如 IMG 格式。DOM 产品具体生产流程见图 4.3 - 3。

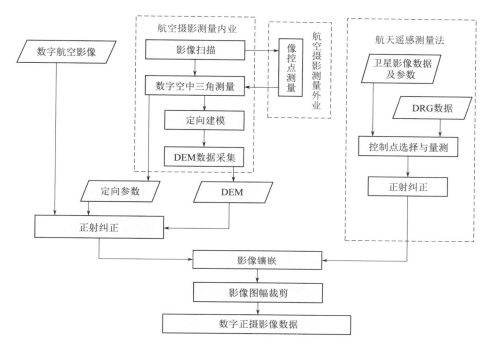

图 4.3 - 3　DOM 生产流程

4.3.1.4　数字栅格地图（DRG）产品生产

DRG 数据存储是以图幅作为存储单元，根据不同的比例尺进行编号。数据应存储为常见的通用栅格数据格式，如 IMG 格式。数据的几何精度与同比例尺的地形图或 DLG 数据相一致。DRG 生产流程见图 4.3 - 4。

4.3.1.5　倾斜实景模型产品生产

倾斜实景模型是采用倾斜摄影测量技术生产的一种坐标准确、纹理真实的三维场景产品，可直接作为基础地理信息数据应用于水电工程的各个环节，也可以在模型生产的过程中同步生成 DEM、DSM、

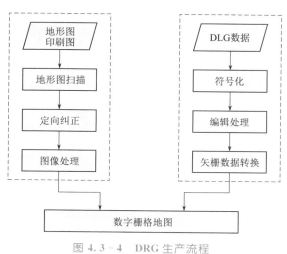

图 4.3 - 4　DRG 生产流程

DOM等产品，基于倾斜实景模型可以采取测图软件生产DLG等地形图产品。

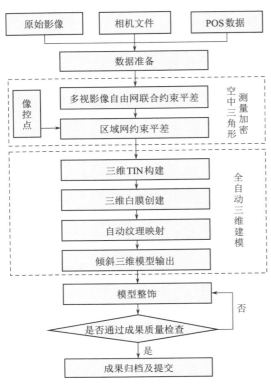

图 4.3-5 倾斜实景三维模型生产流程

采用后处理软件，通过Mesh网格模型修饰及精细化单体建模，提升实景三维模型的模型效果。通过踏平、删除、补洞及贴图等操作，改善三维悬浮物、道路凹凸、纹理拉花及水面缺失等问题。倾斜实景三维模型生产流程见图4.3-5。

实景三维模型实质上是连续三角网贴上纹理图的成果，而没有将建筑、地表、植被等要素区分出来，需要人工对三维模型进行处理，才能得到对象化、单体化的要素。单体化就是按实际需求，将三维模型变成可单独编辑处理的个体，并且可挂接属性信息。

单体化的模型（图4.3-6）便于管理与应用，实现三维模型从浏览到运用的转变。

单体化主要分为四个等级，其中一级为最高级别，模型最精细。各模型等级的具体要求见表4.3-1。

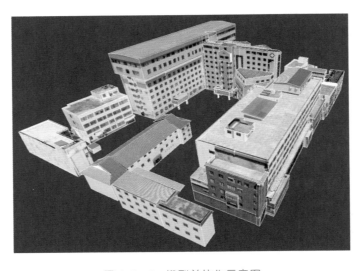

图 4.3-6 模型单体化示意图

表 4.3－1 模型单体化要求

模型等级	制 作 精 细 度
一级	1. 0.5m 进退结构需要建模。 2. 0.5m 以上凹凸结构特征、灯箱、广告及底商牌匾需要建模表现，文字标识、logo、底商要求以贴图清晰表现并与原型保持一致，底商贴图可使用地面拍摄影像进行纹理贴图。 3. 女儿墙和屋檐需建模表现，天窗需表现（可用贴图表现），老虎窗需表现。 4. 建筑立面结构包括裙房底部结构符合现实建筑特征，贴图要求与建筑外观保持一致，达到 90% 的相似程度
二级	1. 1m 以上影响其建筑主体结构框架的细节建模。 2. 高层住宅楼层夹出隔断 1.5m 以上用模型表现，反之以贴图表现。 3. 女儿墙和屋檐要建模表现，天窗需表现（可用贴图表现），老虎窗需表现。 4. 建筑沿街面真实表现，商铺招牌需要模型表现。建筑背面底部合理表现，底商可使用地面拍摄影像进行纹理贴图
三级	1. 1.5m 以上影响其建筑主体结构框架的细节建模。 2. 女儿墙、人字脊需要建模表现。 3. 使用航空影像进行纹理贴图
四级	1. 模块化建筑，无细节表现。 2. 使用航空影像进行纹理贴图，房屋侧立面可使用公共纹理

4.3.1.6 点云数据数字产品生产

（1）数字高程模型（DEM）。基于高密度激光点云制作 DEM，效果取决于点云的滤波和分类，提取正确的地形点。主要提取制作过程如下：对点云数据进行三角化或规则矩形格网处理得到网格模型，提取地形特征点、线，对水域、道路等特殊区域进行高程改正，生成 DEM 模型并裁切输出。

（2）真数字正射影像地图（TDOM）。真数字正射影像地图是将中心投影方式获取的目标物数字影像，转换成以垂直投影方式将目标物投影到指定投影面的目标物数字影像。TDOM 制作采用模型投影或点云投影进行影像纠正；彩色点云或纹理映射的点云数据及影像应完整并与目标物对应，图像重叠区域应无明显色彩差异。

（3）数字线划地图（DLG）。数字线划地图可以通过数字高程模型（DEM）自动完成绘制编辑，叠加地物、地貌后形成完整的地形图；也可以将精简后的点云数据导入其他成图软件（如 CitoMap、南方 CASS、MapGIS、ArcMap、AutoCAD）中进行后处理，制作地形图。

（4）三维模型制作。三维模型制作包括点云分割、模型制作、纹理映射等。三维模型分为规则模型和不规则模型。规则模型制作可利用点云数据或已测的平面图、立面图等图形进行交互式建模，对于规则几何体，也可以根据点云数据进行拟合建模。不规则模型制作通过点云构建三角网模型，采用孔填充、边修补、简化、细化、光滑处理等方法优化三角网模型；表面为光滑曲面的，可采用曲面拟合等方法。

为了还原目标物三维模型的真实效果，完成三维模型的体型编辑后，需要对模型进行纹理映射。纹理映射采用在模型和图像上选定同名点对的方式进行，同名点对的选择，要求位置明显、特征突出、分布均匀，纹理映射后的图像与模型不能有明显的偏差。

（5）平面图、立面图、剖面图制作。平面图、立面图、剖面图利用点云、三维模型或 TDOM 进行制作，包括数据投影、矢量数据采集、图形编辑、图形整饰等工作内容。其中采用的 TDOM 比例尺不能小于成果的比例尺。

4.3.1.7　水下地形测绘产品生产

（1）数字高程模型（DEM）。基于高密度水下地形点云制作 DEM，效果取决于水下地形点云的处理和去噪，提取正确的水下地形点。主要提取制作过程如下：对水下地形点云数据进行三角化或规则矩形格网处理，得到网格模型；提取地形特征点、线，生成 DEM 模型并裁切输出。

（2）数字线划地图（DLG）。数字线划地图可以通过数字高程模型（DEM）自动完成绘制编辑，叠加地物、地貌后形成完整的地形图；也可以将精简后的地形点云数据导入其他成图软件（如 CitoMap、南方 CASS、Map-GIS、ArcMap、AutoCAD）中进行后处理，制作地形图。

4.3.2　专业数据处理与成果

4.3.2.1　水文专业

结合水文水资源信息描述的需要，将水文站、雨量站、气象站等信息与基础地理信息相匹配并进行叠加。将水系图、站网分布图、降雨等值线图、径流深等值线图等进行空间化和数字化，用以制作流域水系图，进行水文分析计算。若未收集到降雨等值线图，利用多个雨量站点实测降水资料进行空间插值，必要时结合高程进行修正，得到降雨等值线图。对于收集的水文气象数据，应进行合理性、可靠性和代表性分析。全球卫星气象数据使用前应与实测站点数据进行对比，评估其精度，必要时进行校正，并撰写使用说明手册。水文专业数据成果见表 4.3 – 2。

表 4.3 - 2 水 文 专 业 数 据 成 果

序号	数据类型	数据名称	备　　注
1	气象	气象成果	
2	径流	径流成果	
3	洪水	洪水成果	
4	水位流量关系	水位流量关系成果	
5	泥沙	泥沙成果	坝址沙量成果、悬移质泥沙颗分、河床质泥沙颗分、水库泥沙淤积量、淤积纵剖面、水库水面线、各断面冲刷面积、河段冲淤量等
6	溃坝（溃堰）洪水	溃坝（溃堰）洪水演进过程线	

4.3.2.2　地质专业

利用测绘专业提供的三维基础地理信息场景完成基础数据的收集，结合 Google Earth、Skyline 及 ArcGIS 等数据库集成软件搭建三维地质信息子数据库。在三维地质信息子数据库的基础上完成遥感地质解译工作，以 RS、GNSS 为数据源，通过 GNSS 定位技术获取路线调查的点源数据，通过遥感综合解译分析提取区域岩石、地层、构造等的矢量化专题解译数据及多重空间属性信息，主要工作方法为人机交互解译、遥感地质解译。地质专业 3S 集成数据处理流程见图 4.3 - 7。

在地质专业处理过程中应注意以下几点：①在 GIS 中，精确地标示出相应的地质界线，提高对库岸整体的稳定性评价和库段划分的准确性；②通过多时相、多分辨率的遥感图像的结合，解译分析出拟选坝址中存在的活动断裂及大型堆积体或潜在不稳定体；③以 GIS 为管理分析工具实现从数据采集、存储、制图输出的数字化及自动化，精确查明天然建材的分布、位置、储量、质量、开采的运输条件等；④野外工程地质测绘应利用数字化填图技术，并以三维地质信息子数据库为基础、以遥感地质解译成果为指导开展工作；⑤应根据野外数字化填图成果，完成对前期遥感地质解译成果的复核修正；⑥需将各类经复核验证并满足规范要求的地质信息导入数据库，以完善三维地质信息子数据库；⑦三维地质信息子数据库的工作成果经校审后，应统一到单个项目的数据库网络平台下完成发布和展示。地质专业数据成果见表 4.3 - 3。

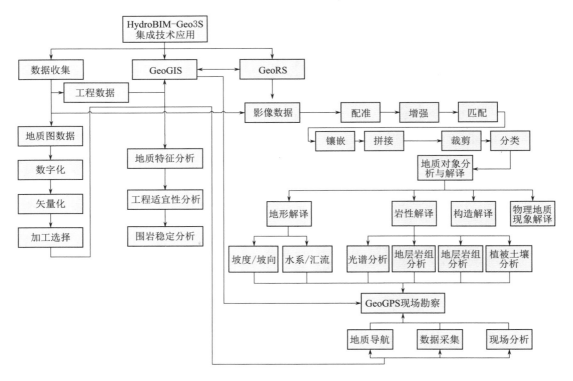

图 4.3 – 7　地质专业 3S 集成数据处理流程

表 4.3 – 3　　　　　　　　　　地 质 专 业 数 据 成 果

序号	数据类型	数 据 名 称	备 注
1	三维模型	枢纽区、料场地质体三维模型	三维模型输出格式为 .dxf/.p2s
2	基础参数	地质结构单元及参数性质	
3	成果附图	平面地质图、剖面图、灾害地质图	
4	数据库	三维地质信息子数据库	网络查询

4.3.2.3　物探专业

　　按照多物探成果综合解释方案，针对具体的勘探目标和工作任务，应用已经获得的测量、钻孔、平洞、坑探、岩层出露头等已知资料，对各种方法的反演解释成果进行比对分析研究，然后进行综合解释，得出综合物探解释成果。对各种物探资料进行汇总、加工、整理，以剖面、表格、三维模型等形式提交地质专业。物探数据处理之后形成的数据和综合物探解释成果，应满足各阶段工程地质勘察和物探规程、规范精度要求。在物探检测工作中，应尽量采用综合物探方法。在物探外业工作和成果资料解释中，应充分参考 3S 信息、测量、地质、勘探、试验等专业的已知资料，以提高物探解释的精度和可靠性。在生产过程中，物探专业应与测绘、地质、水工、监测、施工等专业之间保持密切沟通，以及时获取或提供最新数据，实现数据共享，以确保各专业使用的数据保持一致性。物探数据处理流程见图 4.3－8。物探专业成果见表 4.3－4。

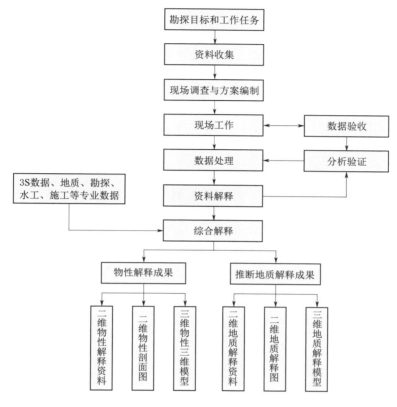

图 4.3－8　物探数据处理流程

表 4.3－4　　　　　　　　　物　探　专　业　成　果

序号	成 果 种 类	主 要 格 式
1	物探工作布置图	.dwg
2	物探检测工作三维布置图	.dxf/.ipt/.rvt
3	物探测量成果	.dwg/.xls/.xlsx
4	覆盖层探测成果	.dwg/.srf/.xls/.xlsx
5	河床冲积层探测成果	.dwg/.srf/.xls/.xlsx
6	地质构造探测成果	.dwg/.srf/.xls/.xlsx
7	岩体完整程度评价成果	.dwg/.srf/.doc/.docx
8	综合测井成果	.dwg/.xls/.xlsx/.doc/.docx
9	声波测试成果	.dwg/.xls/.xlsx/.doc/.docx

续表

序号	成 果 种 类	主 要 格 式
10	钻孔彩色数字成像成果	.jpg/.doc/.docx
11	土壤电阻率	.dwg/.xls/.xlsx
12	物性参数三维地质模型（勘察）	.icad/.srf/.dxf/.xls
13	推断地质解释三维地质模型（勘察）	.icad/.srf/.dxf/.xls
14	锚杆检测成果	.dwg/.xls/.xlsx/.doc/.docx
15	衬砌检测成果	.dwg/.xls/.xlsx/.doc/.docx
16	隧道（洞室）检测成果	.dwg/.xls/.xlsx/.doc/.docx
17	坝基检测成果	.dwg/.srf/.xls/.xlsx/.doc/.docx
18	坝基优化成果（二维、三维模型及其综合分析）	.dwg/.srf/.xls/.xlsx/.doc/.docx
19	物性参数三维地质模型（检测）	.srf/.dxf/.xls
20	推断地质解释三维地质模型（检测）	.srf/.dxf/.xls
21	固结灌浆	.dwg/.srf/.xls/.xlsx/.doc/.docx
22	帷幕灌浆	.dwg/.srf/.xls/.xlsx/.doc/.docx
23	填筑体质量	.dwg/.srf/.xls/.xlsx/.doc/.docx
24	心墙质量	.dwg/.srf/.xls/.xlsx/.doc/.docx
25	面板脱空质量检测成果	.dwg/.xls/.xlsx/.doc/.docx

4.3.2.4　水工专业

　　针对上述资料成果的合理性进行检查，主要对三维模型数据进行布尔运算的逻辑性检查、坐标系及高程系统的确定性检查、模型内容的完备性检查和几何模型对象比例尺的确定性检查。在前期方案研究时将环境敏感对象、征地移民、施工占地、渣场、料场料源等纳入研究、比选、决策的影响因子范围，随后协调、统筹、汇总各专业工作成果，综合考虑各种影响因子，优化坝址、坝型及枢纽布置格局；配合地质、施工专业，完成滑坡、崩塌堆积体、主要工程边坡、对建筑物和工程安全有重大影响的自然边坡、不良物理地质现象的实时稳定分析，不断完善开挖与支护设计；根据工程进展及地质条件、参数的变化，紧密结合工程监测数据分析与反演，不断调整、优化设计，为相关专业及时提供枢纽布置、建筑物设计、工程进展等成果、数据，共同维护统一模型。水工专业成果见表4.3-5。

表 4.3－5　　　　　　　水 工 专 业 成 果

序号	数 据 名 称	主 要 格 式
1	工程量表	.xls/.xlsx
2	枢纽布置图、厂房布置图	.dwg
3	开挖支护布置图	.dwg
4	坝体体型及分区图	.dwg
5	廊道布置图	.dwg
6	固结灌浆与帷幕灌浆排水等布置图	.dwg
7	坝顶布置图	.dwg
8	主要建筑物设计、计算、分析成果	.xls/.xlsx
9	土石坝工程（大坝和泄水建筑物）设计、计算、分析成果	.xls/.xlsx/.doc/.docx
10	引水系统设计及计算成果	.xls/.xlsx/.doc/.docx
11	厂房设计、计算、分析成果	.xls/.xlsx/.doc/.docx

4.3.2.5　机电专业

　　针对资料成果进行合理性检查，主要是针对三维模型类数据从以下方面进行检查：坐标系及高程系统的确定性；内容的完备性，包含几何模型对象和模型对象属性两方面的完备性；几何模型对象比例尺的确定性。针对输出成果进行规范化处理；模型中单图元应按照1：1建模；须赋予模型中单图元完整属性信息。机电专业成果见表4.3－6。

表 4.3－6　　　　　　　机 电 专 业 成 果

序号	数 据 名 称	数 据 类 型
1	水轮机运转特性曲线	.dwg
2	大件运输尺寸	.doc/.docx
3	机电主要设备清单	.doc/.docx
4	厂房机电设备布置	.dwg

4.3.2.6　施工专业

　　施工专业的数据处理主要表现在两方面：①对资料成果的协同对接；②对输出成果提出适应性需求与规范化处理。施工专业成果见表4.3－7。

表 4.3 – 7　　　　　　　　　　施 工 专 业 成 果

序号	数 据 类 型	数 据 名 称	备　注
1	Infraworks 集成模型	施工总布置模型	用于植被修复等布置
			征地移民范围确定
			用于监测检测布置
2	Inventor 体型模型	三维导流布置模型	用于水工枢纽布置

4.3.2.7　水库专业

水库专业资料按属性可分为工程技术资料和专业资料。工程技术资料以测绘、地质、环保等专业提供的资料为主，按规程、规范要求进行统一数据处理后加以应用。专业资料以专业内实物指标、社会经济数据等为主，具有一定的独用性。水库专业资料处理流程见图 4.3 – 9。水库专业成果见表 4.3 – 8。

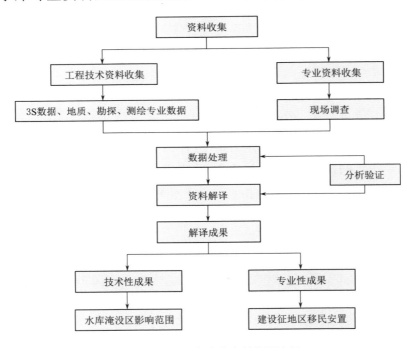

图 4.3 – 9　水库专业资料处理流程

表 4.3 – 8　　　　　　　　　　水 库 专 业 成 果

序号	数 据 名 称	数据类型	备　注
1	建设征地范围	.dwg	水库淹没及影响区、枢纽区
2	库区淹没界桩设计图	.dwg	
3	移民安置规划设计	.doc/.xls/.dwg	

序号	数 据 名 称	数据类型	备　　注
4	实物指标调查成果	.doc/.xls	
5	补偿投资概（估）算	.doc/.xls	
6	专业项目处理方案	.doc	专业类别下延

4.3.2.8　监测专业

监测方法主要有以下三种：

（1）通过 GNSS 变形监测系统，测算出每个站点不同时间的坐标，比较不同时期测量结果的变化，得到点的三维坐标变化。

（2）通过三维激光扫描仪，在车辆或船等载体移动情况下进行扫描，结合惯导、GNSS 数据，解算测点实时位置信息数据，通过不同时期数据的对比分析，得到监测对象的变形。

（3）通过地基 InSAR 监测，求取同一地区两张 SAR 图像的相位差，获取干涉图像，经相位解缠，从干涉条纹中获取地形高程数据，通过两次数据对比分析得到该地区地表变形。

监测专业成果见表 4.3-9。

表 4.3-9　　　　　　　　　　监 测 专 业 成 果

序号	数 据 名 称	数 据 类 型
1	监测图	.dwg/.ipt/.rvt/.sat/.iam
2	监测工程量	.xls/.xlsx
3	监测报告	.doc/.docx

4.3.2.9　环境专业

环境专业资料可分为工程技术资料和专业资料。工程技术资料以测绘、地质、水工、施工、水库、规划等专业提供的资料为主，按规程、规范要求进行统一数据处理后加以应用。专业资料以专业内土壤侵蚀、采用 ENVI 等解译软件对遥感影像进行解译后获取的植被类型图、土地利用图等为主。同时，考虑到环境专业涉及的范围不仅包括工程项目区，可将范围扩大至流域范围，再结合环境专业导则要求，确定影响边界，而后确定三维场景边界。环保数据处理流程见图 4.3-10。环境专业成果见表 4.3-10。

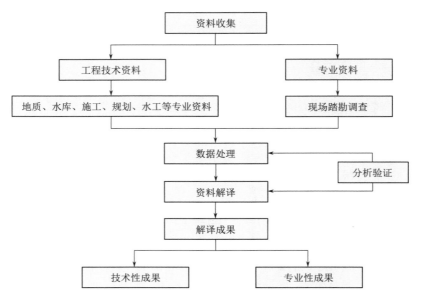

图 4.3 - 10　环保数据处理流程

表 4.3 - 10　　　　　　　　　环　境　专　业　成　果

序号	数　据　名　称	数　据　类　型
1	环境保护目标分布图	.img/.jpg
2	环境保护与水土保持措施布置图	.img/.jpg
3	污水处理站、垃圾填埋场位置图	.img/.jpg
4	鱼类增殖站、珍稀植物保护园、珍稀动物拯救站等位置图	.img/.jpg
5	植被类型现状图及变化图	.img/.jpg
6	土地利用现状及变化图	.img/.jpg

4.3.2.10　交通专业

可通过 DOM、DEM、DLG、DRG 数据及收集的其他数据，结合 GNSS、RS 技术，获取基础数据，基础数据的要求详见 4.1.1 小节。可将 DOM、DEM、DLG 和地物、地貌地质信息输入 AIW 软件进行地形、地质和生态环境选线，并在 AIW 软件中进行路桥隧模型的整合，也可将成果输出到 Skyline 或 ArcGIS 软件。利用 DEM、DOM 等基础数据及其他专题数据，结合 GIS 空间分析功能，实时、准确地进行公路选线；利用 DEM 数据，结合 GIS 技术，进行线路的纵横剖面分析、坡度坡向分析以及各种剖面图、坡度图的自动绘制。利用 DEM 数据及设计线路，结合 GIS 技术，计算线路的填挖方量和总方量。交通专业成果见表 4.3 - 11。

表 4.3-11　　　　　　　　　交 通 专 业 成 果

序号	数 据 名 称	数据类型	备　注
1	路线	三维模型	推荐方案布线成果
2	路基	三维模型	包括一般路基和特殊路基
3	路面	三维模型	包括型式和分层
4	桥梁（涵洞）结构布置	三维模型	包括桥梁和涵洞轮廓
5	隧道结构布置	三维模型	包括隧道进出口、洞身等
6	管线（综合管廊）布置	三维模型	包括各主要管线的布置
7	整体模型	三维模型	按照精度要求拼接路桥隧模型
8	取（弃）场布置	三维模型	包括挡排和取弃土布置

第 5 章

HydroBIM – 3S 技术集成应用体系

5.1 概述

5.1.1 3S 技术集成应用

3S 技术集成是以遥感技术（RS）、地理信息系统（GIS）、全球导航卫星系统（GNSS）为基础，将三种独立技术中的有关部分与其他领域高新技术（如网络技术、通信技术、计算机技术等）有机地构成一个整体，从而形成一项新的综合技术。它集信息获取、信息处理、信息应用于一身，凸显信息获取与处理的高速、实时与应用的高精度、可定量化等的优点。

通过 3S 技术集成应用，可以实现水利水电工程信息快速采集和处理，为水利水电工程管理决策提供强有力的基础信息资料和决策支持，可服务于水利水电工程的整个建设过程。

5.1.1.1 工程规划阶段

工程规划阶段主要工作是收集流域地形地貌和社会经济等地理信息数据，当所收集的资料现势性较弱时，可借助 3S 技术集成采集和获取现势性更强的基础地理信息数据或资料，并对这些信息数据进行处理分析，以辅助工程选址、工程布置与施工方案比选等。

5.1.1.2 工程设计阶段

设计阶段将多套设计数据分别导入地理信息系统并建立工程模型，对大坝选址及大坝建成蓄水进行计算机模拟，对水库蓄水量、防洪能力、调水能力等进行计算，统计工程量及库区蓄水淹没区，形成图纸和报表。用工程量统计报表结合相应单价形成工程预算。通过 GIS 软件真三维漫游功能，浏览真三维地形，直接在数字地面模型（DEM）上点取任意点坐标和任意两点间的距离及三维分量，检查设计是否完美，有没有遗漏。

5.1.1.3 工程施工阶段

将最终确定的工程设计数据导入地理信息系统并利用三维功能生成工程立体模型，施工队伍可以在三维地理信息系统中量取所需工程设计参数，进行施工组织。通过真三维立体观察和切取任意剖面图来保证对工程设计的正确理解。将施工进度及时报工程管理部更新地理信息系统，用特定的显示方式来显示已经完工的工程部位，使得管理部门和施工队伍都可以及时掌握工程进度，也可防止两个相向施工队伍造成贯通事故。

将工程模型按承包项目分成单元，并为项目实体建立属性表，所有属性表又成为工程数据库的一部分。根据工程管理的需要设计属性表及数据库结构。所有的属性信息都通过 ID 号与地物对象对应。可以通过图形查询属性，也可以通过属性查询图形上的地物对象，地物对象与属性联动显示，非常直观。也可以在各属性表之间联合查询。查看工程进度落后的项目在地理上的分布情况，评估它们对整个工程产生的影响；联合查询涉及由具体单位施工、人力物力的投入情况等信息，进一步分析查找不协调、窝工和成本过高的原因，并加以改进。

5.1.1.4 工程运营管理阶段

应用 3S 技术集成进行环境安全等监测，如大坝和边坡变形体的自动化变形监测系统、大范围地面沉降监测系统、地质灾害实时监测预警系统等，对水利水电工程的安全运营和管理能够起到非常重要的作用。

5.1.2 3S 技术集成应用优势

水利水电工程多位于山区、用地面积大、功能区分散、权属状况较为复杂，且土地利用类型判别烦琐，这些都给实地勘测和调查增加了难度。传统的测量技术与调查方法难以满足项目用地对土地信息的迫切需求。水利水电工程勘测的特殊性对外业勘测和内业处理工作的关键技术提出了新的要求。3S 技术集成可以为水利水电工程带来极大的便捷，其技术优势具体可体现在以下几个方面。

5.1.2.1 数据采集

利用 3S 技术集成进行基础地理信息数据采集具有精度高、效率高、范围广、可靠性和稳定性好、采集手段和方式多样等优势。以 DEM 数据的获取为例，数据采集手段和方式包括：①航空影像全数字测量；②无人机低空倾斜摄影测量；③机载 LiDAR 测量；④地面三维激光扫描仪测量等。其中，方式①是根据航拍影像数据，辅以像控成果数据、POS 数据等，借助全数字摄影测量系统对立体像对进行处理，进而获取相应的 DEM 数据成果。方式②是根据无人机低空倾斜影像数据，辅以像控成果数据、POS 数据等，借助三维建模软件建立倾斜实景三维模型，再利用三维测图软件采集地物、等高线等数据，从而得到 DEM 数据成果。方式③与④都是通过采集设备获取激光点云数据，再通过对激光点云数据进行滤波去噪、配准拼接、地物分类等处理得到地面点云，进而得到 DEM 数据成果。相较于全站仪、RTK-GNSS 等测量方式，基于 3S 技术集成进行数据采集具有更高的作业效率和数据采集精度。

5.1.2.2　数据综合管理及运用

3S 技术集成能够充分利用 RS、GIS、GNSS 各自的优势和特点，对基础地理信息数据和资料进行综合管理和运用。利用 GNSS 技术实时快速地进行目标（包括各类传感器和运载平台）空间位置确定；利用 RS 技术实时或准时、快速提供目标及其环境的语义或非语义信息，发现地表上的各种变化，及时对 GIS 进行数据更新；利用 GIS 技术对多源时空数据进行综合处理、集成管理、动态存取，为智能化数据运用提供基础保障。具体到水利水电工程中，利用 GNSS 技术可进行测量控制网建立、水道和湖泊水下地形测量、岸上地形测量等工作；利用 RS 技术可获取并制作 DOM 影像图、进行水汛灾害监控等工作；利用 GIS 技术可建立水利工程建设信息管理平台，能够在水电工程勘测与设计、工程施工管理、工程运营维护等过程中发挥重要作用。

5.1.2.3　专题平台建设

利用 3S 技术集成可以建立各类专题信息管理平台，如"数字水利"信息管理平台、水资源信息管理平台、水利工程建设信息管理平台、移民搬迁信息管理平台、流域信息管理平台等。各专题平台能够在各相关专业领域内发挥重要作用。

5.1.3　3S 技术集成应用目标

5.1.3.1　防洪减灾

（1）数据采集与提取在雨情、水情、工情、险情与灾情等方面的应用。

（2）数据与信息的储存、管理与分析，即防洪、减灾、救灾的信息管理系统。

（3）防汛决策支持，如灾情评估、避险迁安、抢险救灾路线、气象卫星降水定量分析等。

5.1.3.2　水资源与生态环境管理

3S技术集成在解决水资源与生态环境调查、动态监测水资源、生态环境变化、管理水资源与生态环境数据等方面具有重要作用。RS可以提供动态更新数据源，GIS提供空间数据库管理、分析、应用的工具，GNSS提供水利设施等空间定位基础数据。

5.1.3.3　水土保持

3S技术集成在水土保持方面也具有重要作用。RS可为土壤侵蚀调查提供信息源，GIS可用来分析土壤侵蚀因子，进行评价侵蚀类型、程度及侵蚀量估算等。

5.1.3.4　河道、河口、河势动态监测

利用3S技术集成对河道泥沙淤积、泥沙分布以及河道、河口、河势等进行动态变化监测，为河道安全性评估提供依据。

5.1.3.5　水环境监测、评价与管理

利用3S技术集成进行水质监测、水环境信息管理、水环境遥感监测等。

5.1.3.6　旱情监测、灌溉面积监测与规划

利用3S技术集成，对旱情预报、动态监测及抗旱决策提供支持，对有效灌溉面积与实际灌溉面积进行动态监测，还可以进行灌区规划与动态管理。

5.1.3.7　水利水电工程建设和管理

3S技术集成是水利水电工程选址、规划、设计、施工管理中十分重要的技术，可用于移民安置地环境容量调查、调水工程选线及环境影响评价、梯级开发的淹没调查、水库高水位运行的淹没调查、大中型水利工程的环境影响评价、防洪规划、大型水利水电工程抗震安全评估、河道管理、大型水利水电工程物料储运管理、蓄滞洪区规划与建设等。

5.1.3.8　灾情评估

利用3S技术集成进行灾情评估主要包括以下内容：

（1）灾前评估：评估造成的经济损失、可能的受灾人口（涉及社会因素）；迁安能力（人数、道路、车辆调度）；重点保护区（交通大动脉、重要工业基地、军事要地）；抢险物资储运。

（2）灾中评估：确定灾情及发展趋势、救灾物数量与运输路线；为后继洪水调度方案决策提供依据；迁安人员的安置；灾后重建的准备。

（3）灾后评估：上报损失的核实；为防洪规划提供信息；为灾后重建提供方案。

5.2　3S 数据集成

3S 数据集成有以下四种方式：GIS 与 RS 数据的集成；GIS 与 GNSS 数据的集成；RS 与 GNSS 数据的集成；RS、GIS 和 GNSS 三种数据的集成。

（1）GIS 与 RS 数据的集成。RS 是 GIS 的重要信息源，GIS 是处理和分析应用空间数据的一种强有力的技术保证。两者集成的关键技术在于栅格数据和矢量数据的接口问题：遥感系统普遍采用栅格格式，其信息是以像元存储的；GIS 主要是采用图形矢量格式，是按点、线、面（多边形）存储的。二者的差别是由影像数据和制图数据用不同的空间概念表示客观世界的相同信息而产生的。

（2）GIS 与 GNSS 数据的集成。通过 GIS 系统，可使 GNSS 的定位信息在数字化底图上获得实时、准确而又形象的呈现及漫游查询。通过 GNSS 接收机定位得到的数据，输入电子地图或数据库，可对原有数据进行修正、核实、赋予专题图属性以生成专题图。

（3）RS 与 GNSS 数据的集成。RS 和 GNSS 都是重要的数据源。RS 数据量很大，侧重从宏观上反映图像信息和几何特征；GNSS 数据量小，侧重提供特征点的几何信息，发挥定位及导航的功能。二者有机结合可以实现几何校正、训练区选择以及分类验证，提供定位 RS 信息查询，也就是定性、定位、定量的对地观测。利用 GNSS 可实现 RS 摄影测量内外定向元素测定、航测控制点定位、RS 几何纠正点定位、数据配准等。

（4）RS、GIS 和 GNSS 集成。遥感技术、地理信息系统和全球导航卫星系统的整体集成无疑是人们所追求的目标。这种系统不仅具有自动、实时采集、处理和更新数据的功能，而且能够智能式地分析和运用数据，为各种应用提供科学决策咨询，并回答用户可能提出的各种复杂问题。在这个系统内，GIS 相当于中枢神经，RS 相当于传感器，GNSS 相当于定位器，三者的集成应用在资源环境与区域管理等众多领域中发挥巨大作用。

5.2.1 3S 基础数据收集整编

在明确勘察阶段及工作地理范围的基础上，获取并生产满足要求的测绘成果数据。

3S 基础数据一般需要考虑其精度及现势性；数据采用统一的、符合国家规定的数学基础（平面坐标系及高程基准）。不同数学基础的 3S 基础数据通过转换保持一致，并提供转换关系及参数。数据获取、生产、建库、分发、维护应由专业的测绘工程师负责。

5.2.1.1 3S 基础数据收集

3S 基础数据收集包括控制点资料或坐标转换参数、数字线划地图、数字高程模型、数字正射影像地图、数字栅格地图、卫星影像、航拍像片等。数据可通过互联网、国内外测绘相关机构、数据提供商、项目业主等收集。遥感卫星影像分辨率与成图比例尺基本对应关系见表 5.2-1。

表 5.2-1　　　　遥感卫星影像分辨率与成图比例尺基本对应关系

卫 星	全色分辨率/m	测图比例尺	卫 星	全色分辨率/m	测图比例尺
WorldView-3	0.3	1：5000	SPOT-5	2.5	1：25000
WorldView-2	0.46	1：5000	ALOS	2.5	1：25000
WorldView-1	0.45	1：5000	IRS-P5	2.5	1：25000
GeoEye-1	0.5	1：5000	资源 3 号	3.6	1：50000
Pleiades	0.5	1：5000	Rapideye	5	1：50000
QuickBird	0.61～0.72	1：10000	资源 4 号	5	1：50000
Ikonos	1	1：10000	IRS-P6	5.8	1：50000

注　具体成图精度及比例尺须根据植被覆盖等情况确定。

应优先收集采用当地国家统一坐标系的 3S 基础数据，国际工程亦可采用 WGS-84 坐标系。收集的 3S 基础数据须进行数据质量检查，包括几何精度和属性精度。

5.2.1.2 3S 基础数据整编

多源数据融合应平滑拼接，覆盖整个工程区域，不得出现空洞。融合使用同一区域多源、多时相、多分辨率数据，解决云覆盖、色差、坑、隆起等数据异常。静止水域范围内数字高程模型高程值应一致，为常水位高程。流动水域高程自上而下平缓过渡，并与两岸岸坡高程值的关系合理、正确。购买的高精度商业卫星数据处理包括基本控制测量、像控点布设、像片控制点外业观测、像片外业调绘、补充测绘、摄影测量外业资料检查、空中三角测量、数字测绘产品生产、摄影测量内业资料完整性及成果质量检查等步骤。

数字正射影像地图应进行匀光匀色处理，若需进行坐标转换，可采用四参数或七参数方法，通过 ArcGIS、MapGIS、FME、Erdas Imagine、Global Mapper 等软件进行；格式转换可通过 ArcGIS、MapGIS、FME、ENVI、Erdas Imagine、Global Mapper 等软件进行。

5.2.1.3　3S 基础数据成果

3S 基础数据成果一般包含数字线划地图、数字正射影像地图、数字高程模型、数字栅格地图、三维场景、三维地形模型等。成果内容需要完整，以满足各专业的需求。

5.2.2　地质资料收集整编

地质专业负责人应在编制勘测设计可研大纲时明确地质资料收集内容、获取方式或手段、资料整编方法和成果校审程序等。

5.2.2.1　地质数据收集

1. 基础数据

工程研究区 DEM、多光谱影像、坐标转换参数涵盖了数字线划地图信息的三维仿真场景及基础信息数据库。

2. 地质资料

地质资料包括：工程研究区附近区域地质图、水文地质资料、地震动参数区划图、地震烈度区划图、历史地震记录、大地构造单元分区图、构造纲要图、地貌分区图、地壳稳定性分区图、岩浆火山活动及温泉分布等资料；工程研究区附近区域地质报告、邻近工程地质报告、研究论文等资料提供的地质信息；工程研究区附近照片、视频、录音等零散信息。

应根据工作条件及合同背景，按资料收集、遥感地质解译、数字化填图、物探、钻探、试验的顺序逐步实施地质勘察工作。对于工作条件或合同背景不具备的项目，可在适量数字化填图成果的基础上，结合收集到的地质资料和遥感地质解译成果开展地质勘察工作。

地质资料收集精度应满足合同或《水电水利工程地质测绘规程》（DL/T 5185—2004）的要求。地质资料收集工作应由地质专业负责人在明确勘察设计阶段及工作地理范围的基础上，按照规范或合同要求精度组织部门指定的保密人员实施，地质资料收集方式涉及以下几种：

（1）基础地理信息数据应由测绘专业提供。

（2）小比例尺地质资料，宜从国内外地震、地质科研机构或职能部门的网站上收集，可利用商业软件购买，亦可二次利用测绘专业数据。

（3）国外工程的大比例尺地质资料，宜首先登录工作区所在国家或地区的地质职能部门网站，明确工作区以往区调工作深度及现有成果精度，并根据勘察设计阶段的需求选择合适精度的区域地质资料，如在上述网站搜索不到相应信息，可进一步到国外商业网站继续搜索。对于国内工程，宜从各级地矿部门或从事过本地区工作的科研部门购买比例尺为 1：25 万～1：5 万的区域地质调查资料、地震、地质图件或专题研究报告等。

5.2.2.2 地质资料整编

地质资料整编应由经验丰富的地质工程师依据 3S 技术集成应用基本流程，开展工作区遥感地质解译及复核工作，获取有价值的地质信息，总体把握区域地质环境，并作为工程近场区及场址区地质测绘的解译标志。应在基础信息数据库的框架内搭建地质信息子数据库，内容主要包括地质资料及遥感地质解译成果。应依据《水电水利工程地质测绘规程》（DL/T 5185—2004），在充分理解规划设计意图和利用地质信息子数据库的基础上，结合数字化填图技术开展工程地质测绘工作，复核地质资料精度及遥感地质解译成果可靠性。

保持与后方团队及时沟通，必要时可调整工作计划，做到有的放矢。应在现场数字化填图完成后利用收集到的解译标志开展遥感地质解译复核工作，并形成最终遥感地质解译成果，可以文字报告、遥感地质综合解译图等形式体现，并完成地质信息子数据库的更新。宜由经验丰富的地质工程师结合地质理论知识及工程经验，充分利用 Google Earth、Skyline、ArcGIS 或 Global Mapper 等软件，对地质资料、遥感地质解译成果、数字化填图成果、物探成果、钻探及试验成果开展空间分析工作。地质空间分析应规避人为干扰、避免重复遗漏、提高工作效率，地质分析评价应由定性向半定量或定量转变，地质分析成果应导入地质信息子数据库。

5.2.2.3 地质资料质量控制

采用多级校审机制，将工程数据库网络共享，各级校审人员实时监控工作进度和质量。由地质专业负责人组织各级校审人员及 3S 技术集成应用项目部成员召开会议，对勘测设计可研大纲可行性、遥感地质解译成果可靠性、数字化填图成果规范性、地质空间分析成果合理性及地质信息子数据库的全面性开展专题评审，形成明确会议纪要。由地质专业负责人开展工作，实施过程需分管领导负责监控和审核。

5.2.3　水文气象资料收集整编

根据工程设计深度的要求，收集流域、区域有关文档图片资料、基础地理信息数据、水文气象资料。重点收集正规机构发布的站点实测数据，同时应收集全球范围卫星遥测降水、气温、蒸发多源数据，验证其精度，在规划设计中配合使用。

5.2.3.1　资料收集

（1）文档图片资料收集。收集各地区和国家水电开发状况信息、已有工程设计报告、主要河流公报、流域规划、国家和地区水资源公报、水资源评价、水资源分析统计图、降水等值线图、径流深等值线图、土壤侵蚀图、输沙模数图等文档图片资料，用于总体把握区域内水文气象条件。

（2）基础地理信息资料收集。应收集行政区、城市、交通、水系、站网、地形、土壤植被类型等基础地理信息，水文要素信息等数据，用于 GIS 软件中制作流域概况图及水文模型构建。

（3）水文气象资料收集。对于水文设计中重要的水文气象数据，如降水、蒸发、径流、洪水数据，应重点收集。收集方式可以通过联系相关机构（如国家和地方各级气象部门、水文部门，流域管理局等）进行购买。同时还应收集全球共享数据，例如，降水数据可以采用热带测水任务（tropical rainfall measuring mission，TRMM）、全球降水气候计划（global precipitation climatology project，GPCP）等大范围网格卫星数据，通过相关校正方法，可以应用于前期无资料地区工程规划设计中。部分水文站径流数据可向联合国粮农组织、世界气象组织申请使用。

5.2.3.2　资料整编与处理

对于收集到的文本图片资料，应按地区、国家进行分类存储，必要时对降水等值线图、径流深等值线图等资料进行数字化，按照地理信息系统数据格式进行存储。

地理信息系统数据库应参照《水文数据 GIS 分类编码标准》（SL 385—2007）设计，对图层进行划分，按照一定的编码规则对图元进行编码。存储方式宜采用分层的方式来管理地理数据，完成空间数据库的逻辑和物理设计，最终完成空间数据库的建立。

对于收集的水文气象数据，应进行三性（可靠性、一致性和代表性）检查，缺测数据应采用多种方法进行插补延长。采用数据库进行水文气象数据入库，数据表参照《基础水文数据库表结构及标识符标准》（SL 324—2005）进行设计。全球卫星气象、降水等以二进制、NETCDF 等格式存储的数据，数据量巨大，宜转换成文本格式，并采用算法进行校正，与实测站点数据进行对比，分析各区域的数据精度，进行可用性评估并撰写资料使用说明手册。

5.2.4　社会影响评价资料收集整编

根据建设征地移民安置涉及的行政区域，通过政府信息公开网站收集和整理所需的社会经济资料。同时开展多方案相关基础资料的收集、分析、统计。根据需要进一步与政府、统计部门进行联络，收集和整理相关区域涉及的经济统计资料。

社会影响评价范围界定应考虑其准确性和合理性。解译的地形图成果应满足阶段要求的精度并包含必要的信息。收集的统计资料应进行一致性分析和检验。

5.2.4.1　数据获取

社会经济统计资料包括各级政府定期发布的社会经济统计年报和农业调查部门公布的统计年报。

数据获取应充分利用现有的政府信息公开系统，收集基础社会经济信息。根据测绘专业收集整理的基础地理信息资料，提取建设征地范围内的主要实物指标，分析建设征地和移民安置对区域社会经济的影响程度。现场开展必要的抽样调查，对区域的种植模式、产量、基础单价、换算系数等进行复核、落实。

5.2.4.2　基础资料的应用

根据收集的基础资料开展社会影响评价工作，主要包括：进行移民、城市集镇、专业项目等对象的处理措施初步规划和方案分析论证，进行技术、经济分析比较，完成社会影响评价费用概（估）算，编制完成相关专题报告，以满足报批需要。

根据基础资料，完成敏感对象分布研究，建立相关展示系统，为成果展示和汇报提供数据。

5.2.5 交通资料收集整编

5.2.5.1 交通资料

（1）主要利用互联网、卫星电子地图等工具，对项目所在地对外交通分布、道路运输等级等情况进行考察和分析，对重点项目可结合现场收集方式进行。

（2）对外道路交通情况是制约项目目标规划的重要影响因素，在前期规划应用中较为突出，可重点收集现有主要的道路、铁路、海运等运输通道及其相关参数。

5.2.5.2 建筑材料及生产企业资料

根据工程规划需求，收集工程主体建筑材料（如钢筋、水泥等）当地生产企业的分布情况，包括产品质量、供给以及其他项目的应用情况等。一般生产企业都有自己的网站和产品宣传，可通过网络收集与分析的方式实现所需资料的收集与分析整理。

5.2.6 造价资料收集整编

5.2.6.1 造价资料的收集

国内主要通过网络或者电话向建筑材料、机械租赁等供应商收集。此类单位直接面对市场，最了解建筑市场的动态，可提供大量的市场信息，从供应的角度来丰富工程造价管理资料。同时也可通过了解已发布的工程造价信息，特别是主要的材料，如钢筋、水泥、电缆等的价格，提高企业在市场竞争中的地位。

对于国外工程，可向有合作的建设单位收集，查询外交部网站了解当地的人工费、材料费等，若设备、材料从国内运输，则向海运企业询问运输价格及其他信息。

根据其他专业分析得到的地质水文条件，可了解料场是否满足施工所用砂石料、砂石料是否需要购买、施工用水用电的距离和方式等。

根据以往国内外工程积累的经验及数据，建立工程造价资料数据库，提高工程造价管理的效率和标准化程度。此外，还可通过网络收集各类工程造价资料，扩大收集范围，提高时效性，及时处理造价资料，及时发布造价信息，实现资源共享。

5.2.6.2 造价资料整编

利用上述收集的基础资料进行方案评估，如利用水工专业提供的隧洞长度、平均洞径，估算出隧洞的大致工程造价等；又如水工专业提供坝的类型、规格及方量，可以通过统计坝的单方造价指标确定坝的工程造价。由此可从经济角度为水工专业提供枢纽布置选择，确定优选方案。

5.3 3S集成数据应用

5.3.1 3S基础数据应用

3S基础数据是项目开展的基础，各专业都需要在其基础上开展相关工作，在协同应用过程中，测绘专业工程师负责3S基础数据的获取、处理、分发、维护工作并协助其他专业工程师进行数据应用。3S基础数据成果及格式见表5.3-1。

表5.3-1   3S基础数据成果及格式

序号	数 据 名 称	格 式 要 求
1	数字高程模型	.dem/.tif/.grid
2	数字正射影像地图	.tif/.img/.jpg
3	数字栅格地图	.tif/.img/.jpg/.png/.bmp/.pdf
4	数字线划地图	.dwg/.dxf/.shp/.wl
5	三维地理信息模型	.dwg/.mpt/.sqlite
6	三维地形曲面	.dwg/.dat
7	倾斜实景三维模型	.osgb/.fbx/.3ds/.dxf/.obj
8	三维激光点云数据	.las/.laz/.xyz/.pts/.ply/.txt

3S基础数据在地质、水文、水工和施工四个专业中的主要应用方式如下：

（1）地质专业。区域地质调查的首要任务就是进行地质信息的获取，其中野外地质数据的采集是信息获取的重要来源。物化探测点及钻探井位坐标、水系沉积物或土壤取样等类型的数据，可使用野外数据记录仪、GNSS及RS获取。获取数据后，地质专业人员负责开展项目区域内遥感地质解译，复核、收集有价值的地质信息，在此基础上，结合地质专业数据，建立三维地质信息数据库及开展数字化填图等工作。

由 GIS 技术采集具有线性特征的道路、河流等地貌数据。这样不仅可以提高数据采集的精度，而且可以大量减少野外工作量，大大提高工作效率。

（2）水文专业。以 3S 基础数据作为河道纵横剖面绘制、流域开发方案布置、库容曲线计算、径流分析、水位流量分析等工作。同时应用 3S 技术集成对一定区域内水体环境实施动态监测，及时发现水体环境的变化情况及规律，为实施水体环境保护提供科学决策依据。

（3）水工专业。根据 3S 基础数据开展水工建筑、水利工程等的设计工作。

（4）施工专业。利用三维场景进行施工方案的设计、比选、工程进度监督、土方量核算及竣工验收等工作。

5.3.2 地质资料应用

在协同应用过程中，地质专业工程师负责地质数据的获取、处理、分发、维护工作并协助其他专业工程师进行数据应用。

通过收集的各类地质数据与 3S 集成数据，完成三维地质信息数据库的建立并开展地质解译。通过遥感综合解译分析提取区域岩石、地层、构造等的矢量化专题解译数据及多重空间属性信息，主要工作方法为人机交互解译。遥感地质解译成果应满足相关工程地质测绘规范要求，为设计工作的开展提供基础。

地质专业数据处理成果主要包括三维地质体模型、地质结构单元及参数性质、平面地质图与地质剖面、灾害地质图、料场三维体模型等。

地质资料在水工、施工、环保、监测和交通专业中的主要应用方式如下：

（1）水工专业。在三维地质体模型的基础上开展相关的设计工作。

（2）施工专业。综合利用各类地质成果，完成施工设计。

（3）环保专业。利用工程地质资料，进行环境保护与水土保持设计、环境影响评价报告编制等工作。

（4）监测专业。综合利用各类地质成果，开展监测设计。

（5）交通专业。综合利用各类地质成果，完成交通设计。

5.3.3 水文气象资料应用

水文气象资料种类繁多，分布较为零散，需要提供的资料种类较多。在勘察设计工作开展中，水能规划专业主要依靠流域内的大范围 3S 基础空间地理数据进行。

在 3S 基础数据的基础上，结合水资源信息描述的需要，叠加各类水文站、雨量站、蒸发站、水质监测站、排污口、水体功能区等信息，制作水系湖泊图、站网分布图、降水等值线图、径流深等值线图等，供制作流域水系图、水文分析使用。

若未收集到降水等值线图，可利用多个雨量站点实测降水资料进行空间插值，方法可采用泰森多边形、反距离权重、克里金插值等常用插值方法，必要时结合高程进行修正，得到降水等值线图。

全球卫星气象数据使用前应与实测站点数据进行对比，评估其精度，必要时进行校正，并撰写资料使用说明手册。

水文专业提供的主要成果包括河道纵横剖面、开发方案、梯级水电站分布图、库容曲线、气象统计成果、径流成果、洪水成果、水位流量关系、沙量成果、水库回水、溃坝（溃堰）洪水演进过程线、各断面特征水位等。

水文气象资料主要应用方式如下：

（1）水工专业。根据水文信息，开展相关的设计工作。

（2）机电专业。根据水文成果，开展机电部分的设计。

（3）施工专业。利用各类水文成果，完成施工设计。

（4）环保专业。利用水文资料，进行环境保护与水土保持设计、环境影响评价报告编制等工作。

（5）监测专业。综合利用各类水文成果，完成监测设计。

5.3.4　社会影响评价资料应用

收集的社会影响评价资料主要用于移民安置设计工作。工程移民工作参与对象多，涉及的因素错综复杂，实物指标调查内容多、工作细、确认程序复杂，所需时间长，在移民安置过程中物价、移民需求等可变因素多，给征地移民工作带来很大的困难。

在勘察设计工作中，利用遥感手段来进行实物指标调查，将最大限度缩短水库实物指标调查的工作周期，节约成本。结合3S基础成果，社会影响评价资料可应用于实物指标调查。针对解译成果，结合现场抽样调查成果，分析确定建设征地范围内的土地、房屋、专业项目等主要指标，提高规划和预可研阶段实物指标的精度。同时可根据大范围的解译基础地理信息成果，对处理方案进行进一步的技术和经济分析论证，加大处理方案的设计深度，满足项目的社会影响评价审批需要。

深入应用3S技术完成工作，提高项目社会影响处理费用概（估）算成果可靠程度，降低项目后续费用控制难度。

社会影响评价资料的主要应用方式是，利用解译的基础地理信息成果，针对分析确定的范围，提取不同高程、开发方案下基础实物指标，分析确定可能的影响对象，以及对区域的社会经济影响。进行库周剩余资源分析，开展移民安置方案比选，推荐可能的安置处理方案，辅助进行必要的经济、技术可行性分析。根据收集分析的基础资料开展社会影响评价工作，主要包括：进行移民、城市集镇、专业项目等对象的处理措施初步规划和方案分析论证，进行技术、经济分析比较，完成社会影响评价费用概（估）算，编制完成相关专题报告，满足报批需要。根据基础资料完成敏感对象分布研究，建立相关展示系统，为成果展示和汇报提供基础数据。根据收集的社会经济资料，分析区域社会经济发展现状，结合建设征地实物指标情况和移民安置方案，分析建设征地对区域社会经济发展影响程度，提出合理的消除不利影响的措施。辅助开展移民安置方案比选，特别是后续产业发展规划设计。

5.3.5　交通资料应用

收集的交通资料主要用于水利水电对外交通的规划设计工作。在勘察设计工作中，交通专业根据提供的对外交通公路的道路等级和标准，利用 3S 基础数据进行对外交通公路的设计。

交通资料的主要应用方式是利用 3S 数据成果，建立对外交通区域内的三维地形模型，进行地形曲面的高程分析、流域分析及不良地质路段分析。结合分析结果，在三维地形上进行公路的三维布线，充分利用地形条件，减少挖填方量，避开不良地质路段，节约工程投资。

5.3.6　造价资料应用

通过对收集到的已完成工程数据进行加工处理，可得出两类指标：工程造价指标和工程造价指数。

工程造价指标。造价资料用于工程经济指标分析，即利用已完成工程的数据资料进行各类经济指标分析，包括各分部分项工程的单方造价分析；主要建筑材料的单方用量分析（如水泥、钢材、木材等主要材料的单方用量）等一系列经济指标。工程经济指标分析的结果可以用来编制各类工程造价指标。一般情况下，单位工程由土建工程、设备安装工程及其他工程组成。土建工程由开挖、混凝土浇筑、基础处理、钢筋制安等部分组合起来，设备安装工程由水轮机、发电机、桥机、主变压器、控制系统等部分组合起来。

工程造价指数。将已完成的工程按不同结构类型、用途进行分类，再将分类后的工程数据进行综合考虑，按照各种不同结构类型、用途，分别综合出不同类别工程的各部位特征（如隧洞长度、高度，混凝土、钢筋用量，岩石级别等），将此工程部位的造价与相同结构类型、用途的工程进行对比后，计算出不同类型的工程造价指数。所计算出的工程造价指数可以用来分析各类工程造价变化的原因，如价格的变化引起工程造价变化，又如隧洞的长度或者岩石类别的变化引起工程造价变化等。在缺乏基础资料的情况下，测算出各个部位的费用，从而算出整个工程的费用。

综上，利用上述收集的基础资料，在分析、整理的基础上，可测算各部分工程造价基础数据价格指标。

5.4 HydroBIM - 3S 技术集成应用案例

5.4.1 红石岩水利水电工程

5.4.1.1 工程概况

2014 年 8 月 3 日 16 时 30 分，云南省昭通市鲁甸县发生 6.5 级地震，人民生命财产和基础设施遭受巨大的损失。8 月 3 日 17 时 40 分，昭通市防办接到昭阳区水利局情况报告，在鲁甸县火德红乡李家山村和巧家县包谷垴乡红石岩村交界的牛栏江干流上，因地震造成两岸山体塌方形成堰塞湖。红石岩堰塞体长约 910m，后缘岩壁高度约 600m，最大坡顶高程 1843.7m，堰塞体方量 1000 余万 m^3，高约 103m，属特大型崩塌。堰塞湖风险等级为最高级别（Ⅰ级）。

无人机航拍的红石岩堰塞湖见图 5.4-1。

图 5.4-1　无人机航拍的红石岩堰塞湖

为永久治理红石岩堰塞湖，国家当即决定以兴利除害、变废为宝的思路，在此兴建红石岩水利水电工程，并及时组建设计团队。设计团队根据切实做好堰塞湖后续处置和整治的指示精神，结合工程实际，先除害、再兴利、轻重缓急，分期开展后期电站重建工程等工作。以水利水电工程综合勘察设计技术为基础，采用 3S、全三维数字化设计手段，完成了可研阶段的各项勘察设计工作。

工程处理范围共涉及 $9.443km^2$，堰塞湖淹没区 $6.12km^2$，堰塞湖影响区 $0.648km^2$，搬迁安置受灾群众共计 3693 人。

5.4.1.2 工程勘察设计

1. 工作流程

红石岩水利水电工程可研阶段勘察设计工作流程见图 5.4 – 2。

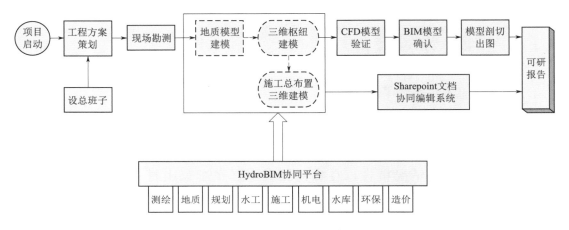

图 5.4 – 2　红石岩水利水电工程可研阶段勘察设计工作流程

2. 工程方案策划

堰塞体规模巨大，拆除代价巨大，然而其变形稳定，渗流稳定，满足永久整治要求；进行永久整治后，可提供水源保障，变废为宝。由于红石岩堰塞湖整治工程时间紧、任务重、难度大，昆明院及时组建项目协同设计团队进行工程方案策划，确定以 3S 技术集成辅以 BIM 技术、三维设计等先进手段进行方案设计，并制定了切实可行的实施方案。

3. 现场勘测与数据采集

集成 3S 技术，完成了工程流域、气象、水位、流量、降水、蒸发、径流、洪水、泥沙等基础资料的采集，达到了规划和设计要求。测绘产品需求包括红石岩堰塞湖永久性整治工程区 1:2000 地形图及数字高程模型、堰塞湖区 1:5000 地形图及数字高程模型。根据地理、环境状况，充分利用收集的资料和现场实测的数据，采用无人机航测遥感新技术辅以少量像控点，结合地面三维激光扫描仪获取的点云数据进行加工处理，制作了满足设计要求的基础地理信息数据，用于堰塞湖规模、次生灾害范围确定与灾情评估。测绘作业现场见图 5.4 – 3。

图 5.4-3　红石岩水利水电工程地形数据采集测绘现场

通过收集工程区各类地质数据和资料，并进行加工处理，辅以地形地貌资料，完成了工程构造稳定性、水库区工程地质条件、堰塞体基础工程地质条件、堰塞体工程地质条件、泄洪冲沙洞及溢洪洞工程地质条件、非常溢洪道工程地质条件、引水发电系统工程地质条件，以及天然建筑材料等的评价和方案设计工作。

4. 工程设计

基于各类基础数据和资料的处理成果，完成了地形地质建模（图 5.4-4）、交通工程、除险防洪工程、堰塞湖影响受灾群众安置规划、电站重建工程和其他工程、投资估算等设计工作。

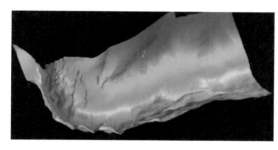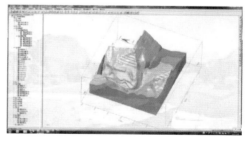

图 5.4-4　红石岩水利水电工程区地形与地质三维建模

基于各基础专业采集的数据资料的整编和处理的成果，完成了除险防洪工程的堰塞体整治、永久泄水建筑物、左右岸边坡治理、安全监测设计、泄洪冲沙系统金属结构设备、主要工程量等的设计工作。

堰塞湖影响受灾群众安置规划主要包含生产安置规划和搬迁安置规划两方面。

（1）生产安置规划。红石岩堰塞湖影响受灾群众规划水平年生产安置人口 2472 人，其中红石岩堰塞体整治区 143 人、堰塞湖淹没影响区 2329 人，鲁甸县 1067 人、会泽县 1169 人、巧家县 236 人。

（2）搬迁安置规划。红石岩堰塞湖淹没影响受灾群众搬迁安置人口共计 3693 人（会泽县 1601 人、鲁甸县 1912 人、巧家县 180 人），其中整治水位 1200～1226m 群众转移线范围内搬迁安置人口 2217 人，已淹没 1180m 至整治水位（1200m）范围内搬迁安置人口 488 人，已淹没 1180m 以下范围内人口 867 人，滑坡体范围内搬迁安置人口 121 人。初步规划 10 个集中居民安置区规划安置受灾群众 1923 人，新建居民点占地规模为 226 亩，场外道路规划汽车便道 2 条 8.3km、乡村道路 9.9km，场外供水 56.13km，场外供电 32.3km。

5. 工程建设

基于以上工作完成了电站重建工程、堰塞湖下游地震受灾群众供水及灌溉工程、环境影响及水土保持、施工组织设计等工作，红石岩水利水电工程三维模型见图 5.4－5，设计成果见图 5.4－6。

图 5.4－5 红石岩水利水电工程三维模型

5.4.1.3 技术方案与成果评价

在时间紧、任务重、勘察设计资料不足、余震频发、工作条件恶劣等极端条件下，设计团队采用 3S、全三维数字化设计手段，从地形、地质数据采集，到边坡、堰塞体、库岸监测，以及枢纽布置、施工总布置等，实施方案设计各相关专业均采用数字化技术和手段，完成了排险、河流规划、可行性研究等三大任务。在现场排险阶段，充分利用 3S、三维设计等数字化技术，协同完成了堰塞体现场勘测、安全评价、上下游影响分析、应急排险处置报告编制等工作。在河流规划阶段，多专业充分利用 3S、三维设计等数字化技术，协同完成了河流规划，确定了水库各主要特征水位、库容、淹没范围和装机容量等设计指标。在可行性研究及方案实施阶段，采用全三维设计技术开展可研方案协同设计，完成了可研阶段各项勘测设计任务。

项目技术方案科学、合理，设计资料翔实、成果可靠，能够满足工程决策

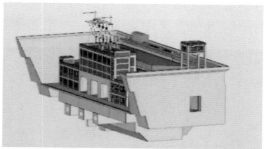

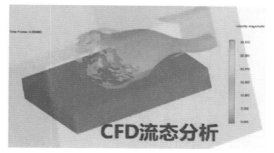

图 5.4－6 红石岩水利水电工程设计成果

和设计需要，并在后续工作中得到有效验证。

5.4.2 Kluet1 水电站规划设计

5.4.2.1 工程概况

2013 年 10 月 23 日至 11 月 1 日，地质、水工、施工等专业人员对印度尼西亚 Kluet 河拟开发河段进行了现场踏勘，经分析和讨论，初步确定了 Kluet 河干流一级（Kluet1）电站采用引水式开发的方案，枢纽建筑物由首部枢纽、引水系统、地下厂房、尾水隧洞、尾水渠及升压站等建筑物组成。Kluet1水电站区域位置见图5.4-7，水电站测区地形条件见图5.4-8。

图5.4-7　Kluet1水电站区域位置图　　　　图5.4-8　Kluet1水电站测区地形条件

5.4.2.2　工程规划与设计

工程区地形地貌复杂、交通条件极为不便，勘测工作难度较大。项目组利用全球网络平台进行大数据挖掘，以3S技术集成、三维数字设计技术为基础，在开展少量地质、测量、物探和勘探等外业工作的基础上，完成了Kluet1水电站的预可行性研究阶段的勘测和设计工作。

1. 收集资料

收集的资料包括区域地质图、遥感卫星影像、地形资料、水文气象资料、地球物理资料、地震资料、勘探资料、试验资料，以及交通、社会经济、文化资料等。

2. 数据处理与整编

工作内容包括测量、地质、物探、水文、气象、交通、造价等资料的处理与整编。测量资料处理与整编流程见图5.4-9。地质资料处理与整编流程见图5.4-10。水文气象资料收集与整编流程见图5.4-11。

3. 工程规划

根据收集和处理之后的成果资料，对Kluet1水电站进行了规划，三维模型如图5.4-12所示。

4. 三维设计工作

在工程勘察设计过程中，三维设计工作逐步深入：测绘专业采用3S技术，快速、准确地获取工程区域地形、地物资料，为工程设计各专业提供各类数字化地形图；物探专业利用综合物探成果，结合数字地形、地质测绘、勘探等专业的资料，建立物性参数三维模型和推断地质三维模型，提供给地质专业作为建立三维地质模型的参考模型；地质专业利用数字地形，结合物探专业的地质模型和地勘成果建立三维地质模型；其他专业以测绘、物探、地质等提供的基础资料和三维模型为基础，采用三维设计手段完成基础设施工程的各项设计工作。

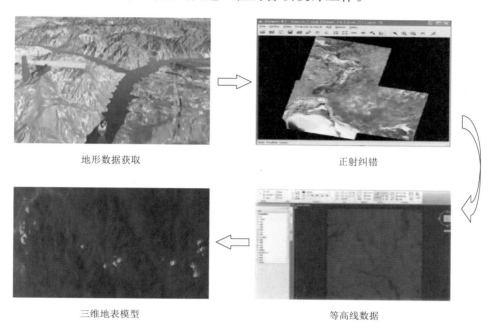

地形数据获取　　　　　　　　　正射纠错

三维地表模型　　　　　　　　　等高线数据

图 5.4-9　Kluet1 水电站测量资料处理与整编流程

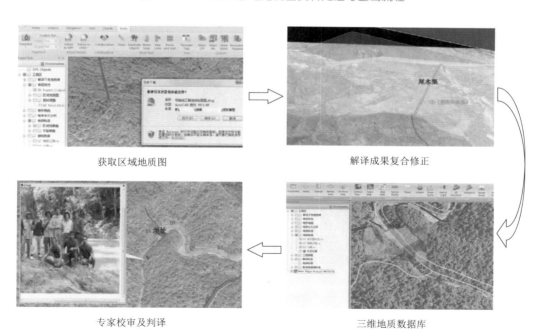

获取区域地质图　　　　　　　　解译成果复合修正

专家校审及判译　　　　　　　　三维地质数据库

图 5.4-10　Kluet1 水电站地质资料处理与整编流程

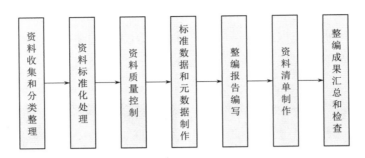

图 5.4 – 11 Kluet1 水电站水文气象资料收集与整编流程

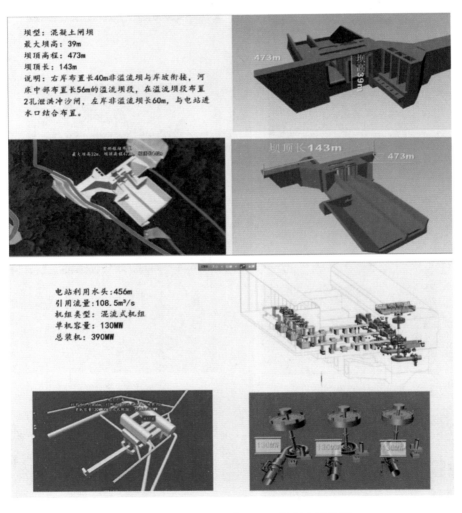

图 5.4 – 12 Kluet1 水电站工程规划三维模型

5. 电站挡水大坝、枢纽、引水、厂房等建筑物协同设计

利用测绘、地质、物探、水文、气象、交通、造价等基础数据，开展水利水电工程中水库大坝、枢纽、引水、厂房等的全三维数字化设计。印度尼西亚

Kluet1 水电站综合勘察设计流程见图 5.4-13，水电站建筑物协同设计效果图见图 5.4-14，方案设计与比较见图 5.4-15，施工仿真和仿真模拟见图 5.4-16 和图 5.4-17。

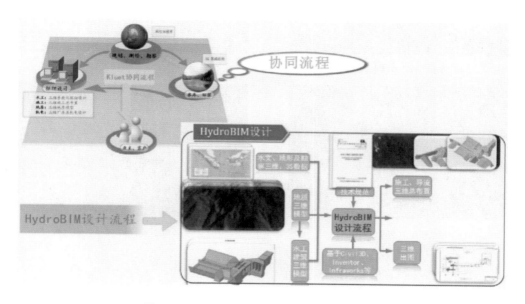

图 5.4-13　Kluet1 水电站综合勘察设计流程

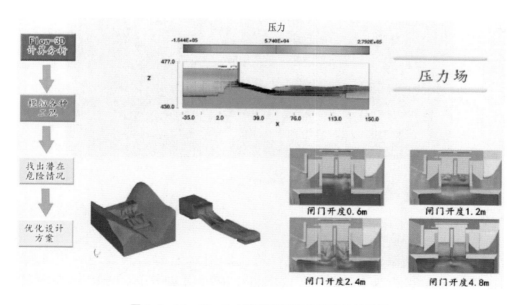

图 5.4-14　Kluet1 水电站建筑物协同设计效果图

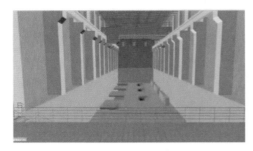
（a）地面厂房方案发电机层

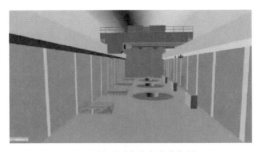
（b）地下厂房方案发电机层

（c）地面厂房方案水轮机层

（d）地下厂房方案下游副厂房

图 5.4－15 Kluet1 水电站方案设计与比较

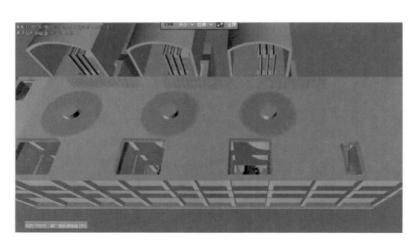

图 5.4－16 Kluet1 水电站施工仿真

5.4.2.3 项目总体评价

Kluet1 水电站采用引水式开发，跨流域引水至海岸边发电，电站尾水注入印度洋，装机规模为 390MW。该项目全面采用基于 HydroBIM－3S 技术集成与多专业协同设计的方式，通过大范围地形、地质数据收集与专业分析处理，结合局部实地考察，完成了总体设计方案，解决了前期规划设计阶段人力、物力、资金投入有限的问题。

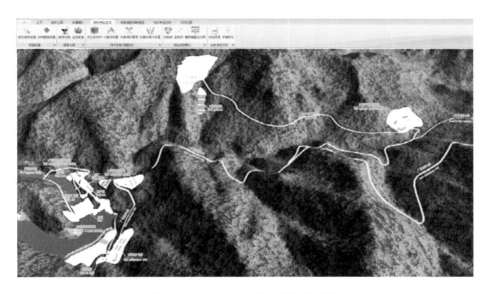

图 5.4-17　Kluet1 水电站仿真模拟

5.4.3　滇中引水工程智能综合设计

5.4.3.1　应用背景

滇中引水工程是一项以城镇生活与工业供水为主，兼顾农业和生态用水的大型引水工程，工程受水区为云南省内的丽江市、大理白族自治州等 6 个市（州） 35 个县，受水区面积 3.69 万 km²。工程多年平均引水量 34.03 亿 m³，渠首设计流量 135m³/s。滇中引水工程等别为 Ⅰ 等，主要建筑物级别为 1 级，次要建筑物为 3 级。

滇中引水工程由水源工程（石鼓提水泵站）和输水工程（总干渠）两部分组成。泵站工程由全长 1257m 的引水渠和 220m×24.6m×45.65m（长×宽×高）的地下泵房组成。泵站装机 12 台（其中 2 台备用），总装机容量 492MW，水泵最大提水扬程 223m，石鼓泵站渠首设计水位 2035m。输水工程总干渠由大理Ⅰ段、大理Ⅱ段、楚雄段、昆明段、玉溪红河 5 大段组成，总长 661km（其中大理Ⅰ段长约 116km，大理Ⅱ段长约 103km，楚雄段长约 143km，昆明段长约 115km，玉溪红河段长约 185km）。输水线路上布置了 129 座输水建筑物，其中渡槽 18 座，长 4.72km；隧洞 63 座，长 607.43km；暗涵 26 段，长 10.83km；倒虹吸 19 座，长 37.22km；渠道消能建筑物（含电站） 3 座，长 0.86km。渡槽、隧洞、暗涵和倒虹吸四种建筑物分别占该段干线长度比例分别为 0.71%、91.88%、1.64% 和 5.63%。此外，为调节水流、保证输水建筑物安全，全线设有分水闸 25 座（其中 10 座兼退水）、节制闸 17 座、退水闸 33 座（其中 10 座由分水闸兼）、工作闸 7 座、事故闸 28 座、检修闸 41 座。

5.4.3.2 平台架构

基于 HydroBIM – 3S 技术集成的工程智能综合设计平台包含三维 GIS 选线辅助平台、参数化智能设计系统及工程建设管理系统，分别针对工程建设前期规划、施工设计、后期施工管理进行开发，互为补充，涵盖了引水工程建设过程中的各个环节，为引水工程的实施提供有力保障。

三维 GIS 智能选线平台（图 5.4 – 18）根据选线主要技术标准及空间位置进行选择和规划，结合工程范围内的自然、生态环境，从大范围着手、逐步细化，确定建设项目的技术标准、空间位置，协调布设各种引水建筑物的位置。考虑地形、水文、地质、土地利用、环境保护、施工条件等众多因素的约束，通过综合应用智能计算、知识工程、地理信息系统等技术，在人工参与指导下生成、评价、比选引水线路方案，提高引水选线设计工作的自动化水平。

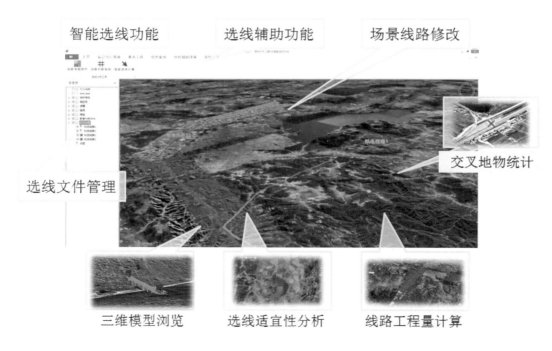

图 5.4 – 18 滇中引水工程三维 GIS 智能选线平台界面

5.4.3.3 应用内容及效果

基于 HydroBIM – 3S 技术集成的工程智能综合设计平台应用于滇中引水工程线路选线工作，其应用内容及应用效果主要体现在以下几个方面。

（1）根据线路调整结果，基于选线场景中数字高程模型，计算线路的剖面。根据线路剖面及相关设计参数，可计算相应的工程量（表5.4-1）。

表5.4-1　　　　　　　　　滇中引水工程线路工程量统计表

建筑物名称	桩号		平面长度
	KM0+000		/m
隧洞1	KM22+994		22994.278
渡槽1	KM23+530		535.942
隧洞2	KM30+185		6654.931
渡槽2	KM31+121		935.350
隧洞3	KM32+075		954.414
暗涵1	KM32+375		299.571
隧洞4	KM43+304		10929.657
渡槽3	KM43+498		193.935
隧洞5	KM52+529		9201.383
暗涵2	KM56+958		4266.394
隧洞6	KM113+571		56612.382
暗涵3	KM114+919		1348.243
总　计			114926.480

（2）根据拟选线路及相关的道路、水系、铁路等分布，可计算线路与地物点的交叉位置，为交叉点的处理提供相关的依据。工程沿线交叉点统计见表5.4-2，拟选线路与盘龙江交叉口见图5.4-19。

表5.4-2　　　　　　　　　滇中引水工程沿线交叉点统计

交叉地物类别	交叉地物名称	交叉位置	交叉地物相对高差/m
铁路	贵昆铁路	KM69+553	+40
	昆河铁路、南昆铁路、沪昆高铁	KM81+423	+70
公路	谷富公路	KM23+214	-40
	昆禄公路	KM43+255	-38
	龙泉路	KM52+635	+30
	北京路	KM56+989	+20
	沣源路	KM57+134	+40
	昆曲高速高架	KM57+646	+65

续表

交叉地物类别	交叉地物名称	交叉位置	交叉地物相对高差/m
公路	S101 省道	KM69+553	+40
	石安路	KM74+226	+50
	昆石路	KM76+734	+100
	石龙路	KM77+792	+90
	呈七高速公路桥	KM81+423	+70
水系	杨先河	KM32+200	0
	盘龙江	KM54+983	+10
	白沙河水库	KM64+745	+90

图 5.4－19　滇中引水工程拟选线路与盘龙江交叉口

（3）基于数字高程模型、数字正射影像、三维数据模型及其他 GIS 数据信息，结合计算机图形技术、数据库技术、三维可视化技术与虚拟现实技术，展现选线结果及相应的引水构筑物在实际环境下的真实情况，实现了海量数据三维场景的实时漫游。在选线适宜性成果的基础上，根据人工调整，可得到不同的拟选线路（图 5.4－20）。

（4）根据选线结果，在三维场景中对拟选线路进行优化、对比，在三维地形上模拟线路走向与构筑物布置，进行集成化的三维漫游与量测操作，极大地方便了选线人员进行路径优化调整（图 5.4－21），从而大大提高了选线精度和效率。

选线平台提供了集成度高、简单易用的优化选线工具。进行新线路设计时，能够实时显示角点号、累距、转角角度等，并实时显示所设计线路的高程断面线，为设计人员选择路径提供参考和帮助；能延长已有线路，在现有线路上随意进行连接、添加、删除和修改角点。

图 5.4-20　滇中引水工程拟选引水线路适宜区分布

图 5.4-21　滇中引水工程引水线路三维浏览及路径优化

（5）在选线完成后，可将设计模型放置于三维场景中进行展示（图 5.4-22），并可点击模型查询相应的信息。

图 5.4-22　滇中引水工程三维场景模型展示

第 6 章

HydroBIM‐3S 技术集成平台

6.1　平台概述

　　HydroBIM‐3S 技术集成平台依托深厚的水利工程专业背景、"空天地水"强大的数字化采集和工程感知能力以及先进的 3S 数据信息化与技术集成能力，以智慧工程为发展方向，遵循数字化协同设计、智能建造、智慧运维的发展思路，借助 BIM、GIS、物联网、大数据、人工智能等新一代信息化技术，形成以"GIS ＋ BIM ＋业务"产品为核心的智慧化技术平台。

　　基于 GIS 数据集成构建 HydroBIM‐3S 技术集成平台，平台数据集成包括快速数据采集、数据管理、数据分析和数据发布等。GIS 数据集成技术涉及信息可视化、信息动态实时更新、信息快速获取、信息深度管理分析等信息化技术，提供实时数据获取与定位、多源数据集成与管理、空间数据快速获取与分析、二维及三维空间可视化等方面的能力。并且，随着互联网、大数据、云计算、物联网、移动智能技术等信息技术的高速发展，GIS 数据集成中的实时高精度定位技术、云 GIS 技术、移动 GIS 技术、遥感计算机图像识别技术已经成熟应用于国土、交通、水利等众多行业，以 GIS 数据集成为基础构建新一代的智能管理平台，能够有效解决传统工程管理所积累的难题，有效提升工程管理的信息化、智能化、科学化水平。

　　3S 技术集成平台通过集成三维 GIS、多源数据管理、空间数据存储、大数据分析、云计算等技术，结合水利水电、环境治理、河湖管理等项目应用，构建了平台总体架构。平台采用分层建设的方式，以 3S 数据的集成和共享为基础，通过搭建面向 GIS＋BIM 集成、大数据分析、数据可视化的基础平台，建设统一的技术应用框架，在此基础上开展深度应用的开发，将平台应用拓展到物联感知、分析决策、流域监测、智慧工程管理等多个阶段。通过多专业的平台建设，形成一套成熟的平台应用技术体系。

6.2 技术架构

HydroBIM-3S 技术集成平台的总体架构如图 6.2-1 所示。平台采用先进的云计算、大数据架构进行底层的基础设施环境设计，建设 GIS 数据专用的基础支撑层，包括计算资源、存储资源、网络资源。依托基础支撑层建立平台大数据库，实现对多源数据的分析、挖掘，更高效地为数据应用提供服务。基于"平台统一化、分析聚合化、业务模块化"的理念，构建 GIS+BIM 基础平台、大数据分析基础平台、数据可视化基础平台，以三大基础平台为基石，以智慧应用为核心，以业务数据共享为手段，实现三维场景化可视、事件感知与智能分析、态势监控与智慧决策等功能。利用服务化的管理方式，平台提供可扩展的专题服务，实现对重点功能服务的模块化调用，达到平台全生命周期宏观管理和灵活部署的作用。依托基础平台与服务支撑，结合业务内容，实现复杂多样的平台应用，构建智慧服务、工程运管、空间信息化等专业化平台，满足不同场景下的平台应用需求。

图 6.2-1　HydroBIM-3S 技术集成平台的总体架构

6.2.1 基础支撑层

通过虚拟化技术将硬件资源以及软件资源进行资源池化，形成不受原有资源架设方式、地域或物理组态限制的虚拟资源，对冗杂的资源进行重新规划和调配，充分利用空余空间，将其价值最大化，从而更好地利用硬件资源。根据已有业务将基础硬件资源划分为计算资源池、存储资源池、网络资源池等，并基于云环境实现大数据存储环境与大数据处理分析框架的构建，提供大数据共享平台存储与处理支撑。在云计算环境下，GIS 模块与服务能够与以虚拟化为核心的云平台有机结合，适应运算能力、存储能力的动态变化，满足高并发需求，包括数据存储需求和处理需求。采用虚拟化和云计算的基础设施安全性要求更高，可以对抗攻击，保护私有信息。

6.2.2 数据存储层

不同数据源、不同数据获取方式的数据，经过数据采集、传输、入库等操作存储到数据库中。根据地理空间数据情况，并考虑平台拓展需求，将相关的数据库分为基础数据库、地理空间数据库、遥感影像数据库、模型数据库和专业数据库五大类。数据库提供统一的访问接口，并通过空间数据管理服务平台对内进行数据维护管理，对外进行数据发布、交换与分发。

6.2.3 基础平台层

以实现 3S 集成应用服务和工程数字化为核心，以数据共享和功能模块化为途径，搭建统一的基础信息平台，推进技术融合、业务融合、数据融合，实现跨层级、跨系统、跨业务的基础平台和服务，为复杂应用平台的开发提供基本框架，利用通用组件来建设业务功能，利用松耦合方式，把各个业务功能串联起来，形成完整的业务逻辑链。

基础平台主要包括 GIS＋BIM 基础平台、大数据分析基础平台、数据可视化基础平台三大基础平台。GIS＋BIM 基础平台基于 WebGL 技术开源自主开发，具有完善的数据处理、发布、集成、展示、分析、应用开源解决方案，支持空间分析、拓扑分析、等值分析及量算等功能。大数据分析基础平台基于大数据框架实现数据清洗、整合、处理的工作，采用空间分析与大数据分析相结合的方式，通过统一服务门户面向用户提供云资源服务、大数据挖掘分析服务、大数据共享交换服务。数据可视化基础平台提供一套可视化设计工具和简单易用的图形化编辑界面，通过拖拽组合方式快速搭建各类数据展示大屏，支持各类统计图表和可视化地图展示。

在基础平台之上进行项目开发，可快速构建基于 3S 集成应用的平台系统，提高研发效率，满足多变的业务需求。

6.2.4 服务支撑层

该层处于平台应用层和基础平台层之间，是平台业务实现的关键。服务支撑层隐藏了业务逻辑层的细节，其内部以业务微服务的组织形式，提供更宏观、面向表现层的服务逻辑，利用接口暴露和包装业务逻辑的方式，采用WCF 或 WebService 技术，建立分布式的服务架构，提供基础计算、地图服务、三维工具、大数据分析、统计分析、可视化、中间件等服务能力，实现多专业、高复杂度的服务接口，为平台功能体系提供服务端的支撑，提高服务和业务逻辑的复用。通过服务支撑层面向用户提供统一的服务门户，实现所有信息资源的共享复用和个性化平台搭建。

6.2.5 平台应用层

该层主要提供面向用户的业务功能应用。基于上述四个基础层，融合 3S 技术对专业应用和公共业务的数字化和智慧化管理，对各项工程应用进行各种科学治理、控制、管理和服务。通过对智能服务的共享复用，对智能服务研发相关角色进行管理，研发标准化、自动化的流程，为前台业务提供个性化智能服务，赋能行业场景化"智能＋应用"。

面向多元业务应用，以基础资源和数据存储为底座，以基础平台为主要框架，以服务接口为主要支撑，构建智慧服务、工程运管、空间信息化三大应用板块，并通过不断完善数据资源和拓展服务应用，形成成熟的 HydroBIM-3S技术集成平台建设体系。

6.3 HydroBIM-3S 技术集成平台案例

6.3.1 HydroBIM-智慧流域平台

6.3.1.1 应用概述

HydroBIM-智慧流域平台综合运用遥感技术（RS）、地理信息系统（GIS）、全球导航卫星系统（GNSS）、虚拟现实（VR）、网络和超媒体等现代高新技术，对流域国民经济、地理环境、水文气象、基础设施、自然资源、人文景观、地质灾害、生态环境、移民生态等各种信息和多源异构数据进行深层融合与挖掘、综合管理与计算机网络分发，基于 3S 及 BIM 技术构建智慧流域平台，实现各类大数据信息的可视化查询、显示、输出、辅助设计等功能，为建设单位、设计单位对流域的综合规划、设计、建设、管理和服务等提供"一站式"、高效率、低成本的管理集成平台，实现传统水利水电向信息化水利水电的转变与发展。智慧流域平台业务架构（图 6.3 - 1）反映了数据、应用和用户之间的逻辑关系。

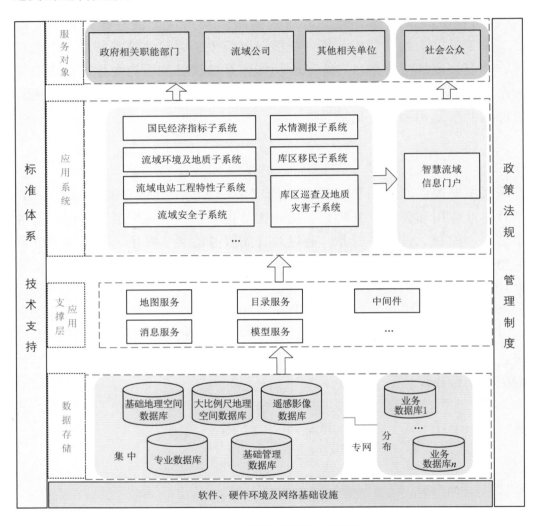

图 6.3 - 1 智慧流域平台业务架构

各子系统的内容主要包括：①流域三维地形地貌；②流域涉及区域的国民经济简要状况；③流域重要城镇及交通设施信息、流域生态环境、水文水资源、水情及气象、区域地质、流域安全信息；④流域梯级规划纵剖面图及每个电站的规划位置及工程特性表；⑤典型工程移民数量、移民点展示和移民后评价等；⑥水库巡查及地灾及治理信息。

6.3.1.2 数据集成

平台涉及海量数据，数据集成无疑为首要任务。数据集成主要分为地理数据集成、模型数据集成和专题数据集成。

1. 地理数据集成

地理数据的多源异构主要体现在其获取手段、格式、时态、范围等均具有多样性，其集成主要遵循以下步骤：

（1）数据分析。查看资料的作业方式，采用的标准和生产的年代，分析其现势性与可靠性。所收集的资料，来源可靠且质量精度符合要求的可直接使用，来源及质量不明确的，需要进行质量检查。

（2）数据处理。不同来源的数据其坐标系统可能不一致，而统一的坐标系统是不同数据能够正确叠加的前提，因而坐标转换必不可少。全球范围数据多采用 WGS - 84 坐标系，而不同国家局部数据常采用当地坐标系统，如国内数据多为北京 54 坐标系或西安 80 坐标系。由于采用的椭球基准不一致，加之投影的局限性，使得全国各地并不存在一致的转换参数。此外，高程基准不同也带来数据的高程误差，不同高程系之间的相互转换尤为重要，如我国就有 1956 黄海高程基准、1985 高程基准、吴淞高程系统、珠江高程系统等，相互之间都有不同的转换参数。另外，平台对地理数据格式有限制，可以通过 ArcGIS、ENVI、Erdas Imagine、Global Mapper、FME 等 GIS 软件进行相应格式转换。

（3）数据入库及发布。地理数据采用地理空间数据库存储，并以 WFS （网络要素服务）与 WMS（网络地图服务）等方式进行发布。

2. 模型数据集成

模型数据来自于流域管理的不同行业、部门、专业，由于各自工作对象的特点、需求不同，模型数据生产的方法、工具、规则及标准也有较大差异，因此得到的成果数据的结构也各不相同，具有自身独特的定义、属性、语义及其专业化表达方式。要让种类各异的模型数据集成在智慧流域平台中，需要进行模型处理及地形匹配：

（1）模型处理。针对模型数据格式，根据其数据结构通过 3ds Max 等软件进行转换与压缩，将模型数据转换为平台支持的三维模型数据格式。

（2）地形匹配。一是通过开挖后的地形数据来更新三维地理场景模型，并赋予相应的颜色或材质；二是通过参数调整，在展示平台中直接模拟开挖，效果相对较好。

模型数据集成示例见图 6.3 - 2。

图 6.3 - 2 模型数据集成示例

3. 专题数据集成

流域涉及的专题数据极其丰富，数据来源广泛，数据格式更是多样，包括表格、文字、图片及纸质材料等。对不同主题数据设计对应的数据库表，分别录入专题信息，存储到专业数据库中，然后进行管理，对外发布、交换和分发，供专题子系统查询与调用。

6.3.1.3 应用内容及效果

1. 大数据、数字化高效集成展示

流域管理可能涉及不同国家及各级行政区，地理范围极为广泛，包括海量的地形、地貌、影像等地理数据，以及国民经济、水文气象、基础设施、自然资源、人文景观、地质灾害、生态环境、移民生态等专题信息数据。此外，流域开发是庞大的系统工程，规划、预可行性研究、可行性研究、招标及施工图设计、建设管理、运行管理等过程会产生海量数据。智慧流域平台在多源异构数据融合的基础上，科学、有效、全过程、全方位管理和利用这些海量数据，并进行数字化展示、查询与统计，向各级部门及时有效提供准确信息，为流域管理及相关工程规划、设计、建设、运行提供强有力的支撑，综合考虑防洪、发电、生态、泥沙等方面因素，实现流域梯级系统综合效益最大化。

2. 流域规划辅助工具

随着流域沿线地区的发展，利用和开发要求越来越多，流域开发工作的边界条件越来越复杂，智慧流域平台可提供一个海量的综合数据仓库，其中包括流域开发工作的基础数据，如开发断面处的流域面积、附近测站分布、项目地点地质条件、开发周边敏感对象分布、开发受益目标分布等条件，为流域开发提供基础数据和边界条件。

　　通过 Inventor、Revit 等三维设计软件建立大坝及监测仪器三维精细化模型，通过 Civil 3D、Infraworks、3ds Max 等软件建立枢纽工程的大场景展示模型（图 6.3 - 3）。建筑物、监测仪器和大场景三维模型在同一坐标系下无缝集成，构建工程的虚拟现实，为实现安全监测三维可视化管理提供可视化信息载体。对于已完成的规划或者已实施的工程，可以通过后期的项目跟踪，加入项目运行状态数据、项目产生的效益、周边敏感影响对象被影响程度（如重要滑坡体监测数据、受影响对象处理情况）等，对规划成果依据的基础数据进行实时跟踪，并据此进行规划成果调整，对已建成工程的开发成果进行评价。

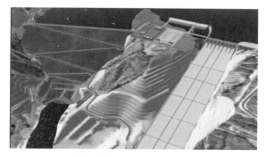

（a）糯扎渡大坝溢洪道边坡及监控布置

（b）小湾拱坝

（c）糯扎渡枢纽

（d）小湾拱坝左坝肩

图 6.3 - 3　枢纽工程大场景展示模型

3. 为乏信息设计提供基础资料

　　智慧流域平台集成了流域国民经济、地理环境、水文气象、基础设施、自然资源、人文景观、地质灾害、生态环境、移民生态等各种信息，所涉信息全面而丰富，为流域内乏信息设计提供高效率、低成本、坚实的基础资料。依托基础的 DEM 数据、实测的地形和下垫面资料及丰富的气象、水文、地质等数据，平台内嵌套专业的计算和作业软件，如水文模型、水力学模型、地质作业工具等，特别是在目前市场国际化的前提下，为大尺度的涉水项目前期工作提供基础资料。

4. 多专业协同设计

水利水电工程设计需要大量基础资料：前期规划设计工作，从地形、地质、水文及周边情况等，都需要大量数据做支撑；项目开工后的进度及工程质量管理每天产生海量的数据；项目建成后的运行情况、周边敏感影响对象的现状也是大家关注的重点。

智慧流域平台以遥感技术（RS）、地理信息系统（GIS）、全球导航卫星系统（GNSS）、虚拟现实（VR）、网络和超媒体等现代高新技术为技术支撑，建立一个以流域为表现核心的海量数据平台。该平台也可作为各专业开展设计工作的基础平台，地质专业可以在平台上查到区域地质图，水文专业可以了解工程附近水文、气象站网分布情况，水库专业可以掌握工程上游移民分布情况，环保专业可以查阅工程区附近的敏感环保对象。随着数据的不断补充和完善，平台可以满足各阶段各专业的数据需求，也能成为各专业数据交换的平台。

6.3.2 HydroBIM -水电厂智能管理云平台

6.3.2.1 应用概述

基于 HydroBIM - 3S 技术集成建立水电厂智能管理平台，为水电厂信息化、科学化、智能化管理提供了全新的解决方案。目前，平台建设的成果已成功应用于国内某大型水利水电工程。该项目管理工作的重点和难点工作主要在于以下几个方面：

（1）对库区库岸稳定、人群及动植物情况、两岸垦荒情况、水产养殖、漂浮物及水体颜色、违法工程建设等进行巡视检查及巡查报告的汇编管理。

（2）对水工建筑物、电力生产设备的安全条件、运行状态等进行"看、闻、听、摸、问、测"人工巡检，并对巡检结果进行分析和管理。

（3）对水电厂环境量进行监测（包括对空气质量、气象、噪声、水环境、生态环境、工频电磁场、六氟化硫、泥沙、室内温湿度等的监测）及监测成果的管理分析、预测预报等工作。

水电厂的管理工作，存在专业面广、管理范围大、涉及点多、信息量大等问题，各工作成果主要以图纸、表格、报告等方式存储，缺乏统一管理；策划和决策主要依据各专业人员的现场综合踏勘，人力、物力消耗量大，工作效率较低，以往积累的成果没有得到有效利用。由于管理人员少、工作面广、专业要求高等原因，决策过程中难以快速整理、分析所有相关信息并作出科学、准确、系统的判断和应对措施。此外，随着"三建设"（安全库区建设、生态库区建设、和谐库区建设）的全面实施，迫切需要管理人员提高工作效率，创新工作方式，实施系统化、信息化的水库综合管理。因此，将基于 HydroBIM-3S 技术集成建立的水电厂智能管理平台应用于实际管理工作中，是解决电厂管理工作点多、面广、空间复杂、综合信息分析困难等问题的有效手段，是实现水电厂数字化、信息化、现代化管理必不可少的手段。

6.3.2.2　应用内容及效果

将基于 HydroBIM-3S 技术集成建立的水电厂智能管理平台应用于某水电厂的管理工作，其应用内容及应用效果主要体现在以下几个方面。

1. 高效的业务数据与空间数据管理手段

水电厂管理的空间数据包括电厂周边大范围的高分辨率 DOM 数据、DEM 数据、水工建筑 BIM 数据等，业务数据包括库区及水电设备巡检数据、环境量自动监测数据、水文泥沙统计分析数据等。依托水电厂智能管理平台中的业务数据与空间数据管理技术，借助 ArcSDE 中间件、Oracle Spatial 空间数据引擎、Oracle 关系数据管理工具，实现了空间数据与业务数据的高效管理，为水电厂管理的其他模块提供了良好的空间数据与业务操作接口。空间矢量数据及库区巡检数据管理如图 6.3-4 所示。

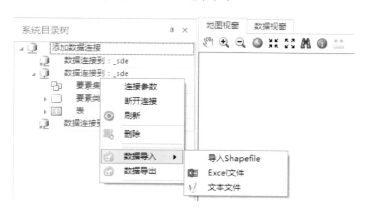

图 6.3-4　空间矢量数据及库区巡检数据管理

2. 良好的室内外空间数据三维可视化集成效果

水电厂管理的空间范围较为复杂，室外涉及坡度高差变化较大的山体沟壑，室内包含建筑结构复杂、水电设施密布的厂房。依托水电厂智能管理平台的 BIM 模型与三维 GIS 集成、空间数据三维可视化等技术，实现了对水电厂 DOM 数据、DEM 数据、基础地理信息矢量数据、全景数据、水工建筑 BIM 数据的集成展示，达到了室内室外一体化的良好的三维可视化效果。此外，通过集成库区及水电设备巡检的位置数据、环境量监测站点的位置数据等内容，以可视化方式再现了水电厂管理对象的空间分布状态，为水电厂智能管理提供了直观生动的空间位置服务。某水电厂水工建筑 BIM 数据与三维 GIS 可视化集成效果如图 6.3-5 所示。

图 6.3-5　某水电厂水工建筑 BIM 数据与三维 GIS 可视化集成效果

3. 多样化的三维地理空间分析方法

在水电厂空间数据三维可视化的基础上，应用水电厂智能管理平台的丰富多样的空间分析方法，可实现水电厂三维空间范围内的要素查询、空间量测、坡度坡向分析（图 6.3-6）、断面分析（图 6.3-7）、视域分析（图 6.3-8）、土方量计算、淹没分析等功能。

图 6.3-6　坡度坡向分析效果

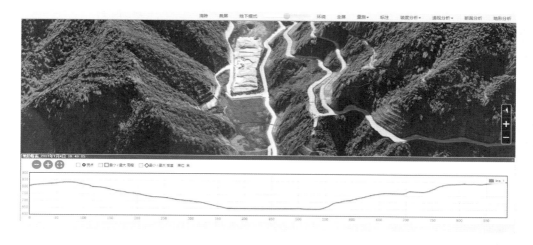

图 6.3-7 断面分析效果

图 6.3-8 视域分析效果

4. 移动化水电厂库区巡检办公

传统的水电厂库区及水电设备巡检工作主要依靠电厂工作人员手工记录与手工整理的方式完成，存在工作量大、数据成果不规范、成果管理成本高等问题。通过应用水电厂智能管理平台中的库区及水电设备移动巡检技术，借助移动 GIS 智能终端的 App 应用，可以实现水电厂生态环境、地质灾害、水工建筑、电力生产设备等巡检工作的移动化办公，实现巡检信息的数字化采集与规范化组织，并且，通过移动端与智能平台服务器端的数据交互，实现巡检报告的自动化编制与数字化管理。水电厂移动巡检 App 主界面如图 6.3-9 所示。

5. 自动化的水电厂环境量监测

水电厂环境量监测内容包括 10 个大类 18 个子类 84 个监测站点 598 个监测因子，监测内容繁杂，空间分布广泛。通过应用水电厂智能管理平台中的环

图 6.3 - 9　水电厂移动巡检
App 主界面

境量自动监测技术，可实现水电厂环境量监测数据的全天候实时获取、监测仪器的远程调控、监测成果的科学统计分析、监测报告的自动编制与规范管理等，有效提升水电厂环境量监测管理的工作效率和监测成果的深层次应用。水电厂智能管理平台中环境量监测数据管理界面如图 6.3 - 10 所示。

6. 多角度的水电厂水文泥沙数据分析

水电厂现有的水文泥沙数据分析主要依托第三方的水文泥沙相关科研院所或企事业单位实现，没有形成数字化的水文泥沙管理手段，数据采集和分析周期不确定，且已有水文泥沙监测数据的分析利用程度较低。通过将水电厂智能管理平台的水文泥沙数据集成分析技术，

为水电厂建立起了自主性、规范化、周期性水文泥沙监测工作流程，实现了监测成果的自主采集与信息化管理，并且借助水文泥沙数据集成分析技术中模块化的水文泥沙数据分析模型与接口，较为简易地实现了水文泥沙监测成果的专业化、科学分析，使得在有效节约电厂水文泥沙数据管理成本的同时极大提高了电厂水文泥沙数据的深层次分析与应用。水电厂智能管理平台水文泥沙数据集成分析技术的应用效果如图 6.3 - 11 所示。

时间	监测点	2分钟风向	2分钟风速	10分钟风向	10分钟风速	最大风向	最大风速	风最大值出现时间	瞬时风向
2015-12-27 15...	橄扎岭	4	7	346	8	291	28	1407	7
2015-12-27 13...	橄扎岭	291	41	295	43	303	53	1240	292
2015-12-28 06...	橄扎岭	134	16	128	15	128	15	600	134
2015-12-27 23...	橄扎岭	57	16	58	16	58	16	2300	18
2015-12-29 13...	橄扎岭	294	39	296	39	296	39	1300	283
2015-12-28 11...	橄扎岭	293	26	296	30	301	35	1051	292
2015-12-30 06...	橄扎岭	131	10	129	10	114	12	503	125
2015-12-31 08...	橄扎岭	305	37	306	33	311	35	736	320
2015-12-30 04...	橄扎岭	120	13	136	11	130	15	342	125
2015-12-30 19...	橄扎岭	67	31	70	28	70	28	1900	58
2015-12-29 18...	橄扎岭	24	19	352	16	302	23	1746	38
2015-12-31 10...	橄扎岭	311	47	306	54	303	60	955	326
2015-12-26 22...	橄扎岭	57	17	63	18	62	24	2132	72
2015-12-27 02...	橄扎岭	71	8	93	10	59	25	107	58
2015-12-29 17...	橄扎岭	244	11	194	12	138	19	1642	266
2015-12-30 18...	橄扎岭	60	21	54	21	51	21	1759	69
2015-12-26 09...	橄扎岭	119	10	121	9	138	16	810	103
2015-12-31 15...	橄扎岭	149	11	329	8	297	35	1401	111
2015-12-29 07...	橄扎岭	73	0	103	0	131	13	613	74
2015-12-31 19...	橄扎岭	117	12	104	14	128	24	1837	114

图 6.3 - 10　环境量监测数据管理界面

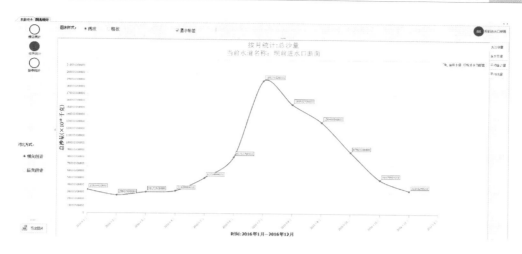

图 6.3 – 11　水电厂坝前进水口断面月总沙量统计分析

6.3.3　HydroBIM –河长制综合信息管理平台

6.3.3.1　应用概述

河长制综合信息管理平台以河湖保护管理为核心，突出水污染防治、水资源保护、水生态维护、河湖健康保障等核心业务；以各级党委、政府以及村级组织多级联动为驱动力，建立以水陆共治、部门联治、全民群治的河湖保护管理长效机制的网络化、大数据管理与分析平台，全面履行河湖保护管理责任，实现河长制多级管理协同、政府及民众联动协同、多行业领域资源协同、多政府部门业务协同以及大数据的共享协同，从而实现河长制利用行政手段推进河湖综合治理的目标。

6.3.3.2　平台架构

1. 平台结构模式

该平台采用 B/S 的架构模式进行系统构建。在 B/S 体系结构下，用户界面完全通过 WWW 浏览器实现，一部分事务逻辑在前端实现，但是主要事务逻辑在服务器端实现，形成客户机、应用服务器、数据库服务器的三层结构（图 6.3 – 12）。B/S 结构利用不断成熟和普及的浏览器技术实现了原来需要复杂专用软件才能实现的强大功能，方便了使用，节约了开发维护成本，是一种全新的软件系统构造技术。B/S 模式突破了传统的文件共享及 C/S 模式的限制，实现了更大程度的信息共享，任何用户只要通过浏览器即可访问数据库，从而克服了时间和空间的限制。

B/S 架构软件不仅在操作易用性方面表现出色，而且使软件的维护和更新也变得异常轻松简单，因而能节省开支，提高效率。这种结构更成为当今应用软件的首选体系结构。

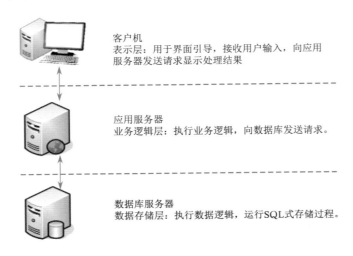

客户机
表示层：用于界面引导，接收用户输入，向应用服务器发送请求显示处理结果

应用服务器
业务逻辑层：执行业务逻辑，向数据库发送请求。

数据库服务器
数据存储层：执行数据逻辑，运行SQL式存储过程。

图 6.3－12 河长制综合信息管理平台三层体系结构

2. 平台网络结构

河长制综合信息管理平台建设的网络环境主要针对政务外网、移动互联网，网络系统符合国际规范和标准，具有开放性、可靠性、安全性、互连性、可互操作性和可扩充性，并考虑未来网络的发展与变迁，具有易于扩展、升级和维护的特点，充分考虑了目前的需求和未来的发展。平台网络拓扑图见图 6.3－13。

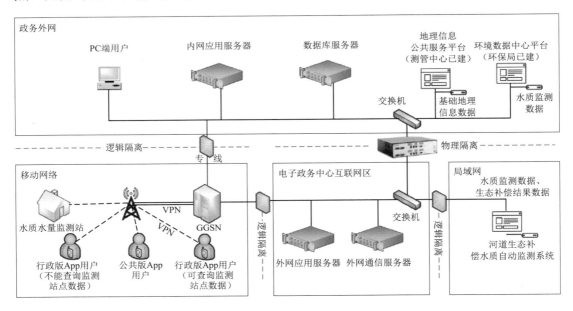

图 6.3－13 河长制综合信息管理平台网络拓扑图

（1）平台数据中心能够提供足够的带宽，满足用户对应用和带宽的基本需要，并保留一定的余量供扩展使用，降低网络传输的延迟；网络可提供丰富的接口形式，以满足各个分系统、子系统及外部其他系统的接入。

（2）无线网络采用 3G/4G 无线宽带网络，其中系统处于互联网的服务，能保证手机终端能够联通中心机房（互联网区），能够实时上报数据，中心服务器互联网带宽不少于 10MB/s；系统处于政务外网的服务，具备外网各网段可访问平台的条件，移动端用户经过通信运营商实名认证后采用 APN 专线拨号进入外网环境访问平台。

（3）系统中运行的数据包括核心业务数据、空间信息数据等，平台建立了规范的网络管理制度和网络运行保障支持体系。

由于河长制综合信息系统中的监测站网数据、测管中心提供的空间信息数据为敏感工作数据，需对网络接入环境进行限制。因此终端接入环境分为政务外网及互联网。

6.3.3.3 应用内容及效果

河长制综合信息管理平台采用 GIS 技术，方便用户以所见即所得的方式，在同一张电子地图上直观地查看与河道有关的所有信息，包括河湖名录及河湖概况信息、河长名录及对应的公示牌信息、责任体系信息、相关断面及测站信息等。信息的展示形式主要是水系、测站、断面等要素的叠加，以及河湖名称、河长、河湖概况等内容统一形成的表格数据等；同时能提供按河湖名称、河长、测站的分类检索功能以及实时监测等功能（图 6.3-14）。

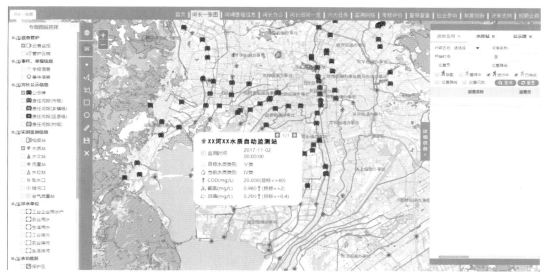

图 6.3-14 河长制综合信息管理平台功能示意图

1. 基础图层

河长制综合信息管理平台的基础图层包括卫星影像图、交通图、行政区划图、地名地址、居民地注记等。

2. 数据关联

根据河长制管理工作需求与管理对象划分，专题图包括水系图，水功能区划图（包括保护区、保留区、限制开发区、开发利用区等），涉水设施分布图（包括水电站、水闸、大坝、堤防、水利景观工程、水利市政工程、灌区等），涉水单位分布图（工业企业用水户、农业用水户、规模以上用水户等），监测站网分布图（水质、水量、水位、视频、取水口、排污口等），河长公示牌分布图等，录入各图层的相关要素属性信息并与其空间信息相关联；另外，将管理范围内各条河流的水系图根据乡镇级行政区域进行分段，将河段责任区、河道长度、责任单位、责任人等属性信息与空间信息关联。

3. 系统功能

（1）河长公示牌管理。地图上展示各河长公示牌分布情况，点击图标，展示公示牌图片详情，并提供新增、删除、批量删除、修改、查看详情、导出、对象区域标绘的功能。

（2）责任河段管理。地图上展示县、乡河长及巡查员的责任河段，在点击河段后可显示责任河段基本信息，并在右侧提供查询功能，包含按河段、河长名称查询，查询出的河段可在地图上定位展示，并提供新增、删除、批量删除、修改、查看详情、导出、对象区域标绘的功能。

（3）巡查监视管理。基于 GIS 实时展示已经巡查完成和正在进行巡查的路线轨迹和巡查人员，以及有任务未巡查的巡查人员，提供展示巡查监视信息详情、巡查日志详情、巡查记录列表功能。实现地图上的信息展示功能，系统登录后默认页面展示当天的巡查监视信息。在对应的后台管理模块中提供删除、批量删除、修改、查看详情、导出的功能。

（4）巡查路线管理。在地图上展示巡查监视中相关巡查的巡查路线，点击巡查路线，展示巡查路线信息详情页面。在对应的后台管理模块中提供删除、批量删除、属性修改、查看详情、导出的功能。

（5）管护区域管理。在地图上展示管护区分布情况，点击管护区域，展示管护区信息详情，并提供信息查询功能，查询出的管护区域可在地图上定位展示。在对应的后台管理模块中提供查询、新增、删除、批量删除、修改、查看详情、导出、对象区域标绘的功能。

（6）实时监测信息。地图上展示相关监测站点的信息，主要通过文字、表格、图等形式展现测站概况信息（包含位置、监测项目、照片等）和相关监测信息（实时数据、历史数据等）。鼠标移入展示对象后显示实时信息飘窗，点击图标，弹出对象详情页面。

监测对象主要包含水质、水量、岸线、水土保持等内容，相关数据信息主要由监测站点归属单位负责审核上报，数据接入方式主要包括数据库同步、平台的接口调用、excel文件导入等，系统提供对外部数据的整合功能，提供查询、新增、删除、批量删除、修改、查看详情、导出的功能。

（7）涉水对象基本信息展示。地图上展示相关涉水对象，如取水口、排污口、视频站、涉水单位、规模养殖场、工业聚集区、工业企业用水户、供水企业、污水处理厂、涉水设施、灌区、渠道、水库、湖泊、水电站、水源地、机井水闸、大坝、堤防、泵站、桥梁、水功能区分布等，鼠标移入展示对象后显示实时信息飘窗，点击图标，弹出对象详情页面。后台对应的管理模块提供新增、删除、批量删除、修改、查看详情、导出、对象区域标绘的功能。

（8）预警信息提示。根据水质水量监测数据，参照考核目标进行分析，系统实时判断考核指标是否达标，并计算出差值，同时预测生态补偿金的缴纳或补贴值，系统在相应河段上高亮显示，点击后显示相应数据。

6.3.4 HydroBIM-智慧水务管理平台

6.3.4.1 应用概述

根据防洪排涝实际业务需求，建成"智能感知、广泛互联、深度融合、业务协同、决策科学、服务主动"的防洪排涝综合管理平台，构建资源汇聚、大数据分析的"一中心"，形成支撑业务深化应用的"一张图"，搭建基于高精度的物联感知体系，为防洪排涝的动态感知、智慧分析、调度决策提供一站式服务的"一平台"，显著提升水务事业创新发展的能力。

6.3.4.2 应用内容及效果

1. 基于大数据分析的洪涝预报

大数据分析洪涝预报包括降雨径流相关分析、淹没水深和降雨相关分析、主要断面的时间序列分析、雨型的特征识别、暴雨雨型识别（图6.3-15）。

（1）雨量统计分析。选定时段后可进行流域或行政区域内超定量降雨站特征统计，面雨量及距平（多年同期，历史典型年同期），累计时段降雨量笼罩面积统计，连续无雨日数（任意日之间最大连续无雨日和最近连续无雨日数）统计，结果以图形显示和列表显示。

（2）水情统计分析。统计时段内可进行水情超警、超保、超历史的河流、

图 6.3 - 15 洪涝预报系统

持续时间及洪峰流量（或最高水位）统计。水文站可进行水量统计、蓄水量统计、水位（流量）对比分析，对比分析结果以列表显示。

（3）雨洪频率分析。基于水情历史数据和频率分析方法，可进行时段暴雨排位，洪水（包括洪峰、洪量两个要素）排位，暴雨洪水频率分析，分析结果以列表显示。

（4）历史同期对比。对降水提供可到 1d 为时间段的行政区划、流域、单站对比分析；对河道径流和港渠蓄水提供可到 1d 为时间段的单站对比分析；分析结果以柱状图和列表显示。

（5）雨洪过程对照。将水位流量（或港渠水量）过程和区间面雨量过程同图显示，提供列表；同时支持历史暴雨洪水过程的同屏显示，便于进行暴雨、洪水相似性分析。

（6）水情水势查询。主要是为了方便用户直观了解特定时间条件下特定区域水情水势的变化情况。水情水势查询的时间默认为当前时间和上个月当前时间，用户也可以自己设置对比时间范围。水情水势查询结果通过表格和图形来表示，图形主要是选定区域的主要水文站当前及特定时间下各种水文要素的数值或者特定水文要素的数值的对比图例。

（7）均值分析。通过不同类型测站分析水位、流量日均值、旬均值、月均值。河道水情均值（主要分析河道站平均水位，平均流量）按选定时间与历史数据进行对比分析。

（8）港渠抗洪能力分析。计算港渠达到特征水位对应的降雨量，并以列表或图表形式显示。

2. 预警预报系统

该系统以多维仿真和可视化为平台，实施暴雨洪水条件下的城市雨水系统运行监测管理，通过仿真、模拟为核心的信息化技术体系，构建城市内涝防洪管理及预警系统平台，发挥水情工情监控、状态分析、灾害预警、系统调度作用，以显著提高城市内涝防治工作的效率和效果（图6.3-16）。

图 6.3-16 预警预报系统

（1）气象监视预警分析。系统接入城区气象信息服务，提供气象信息查询和监测功能。用户可以在系统中查看城区的天气预报、气象云图和台风雷达图等气象信息，并且实现多种气象图同一界面叠加查看和动态播放等功能，对城市未来天气整体趋势走向提供信息服务。

（2）水情监测预警分析。基于"一张图"模块，在地图中查看城区内水位、流量监测站点的信息情况，用户可以清晰直观地查看城区内重要区域水情监测站点分布情况和水位、流量数据情况，并且提供超出阈值水位报警功能。

（3）雨情监测预警分析。在系统地图上显示出各雨量站点的监测情况，针对某一站点以列表和图形的形式展示出该站点雨量变化趋势。若当前雨水量超出预警值，系统以高亮显示积水值、弹出警告显示和声音提示的方式进行预警报警。

（4）积水监测预警分析。在地图上显示出各积水站点的监测情况，针对某一站点以列表和图形的形式展示出该站点积水水位值、积水过程曲线图、水位是否超出警戒值等相关数据。若当前积水水位超出预警值，系统以高亮显示积水值、弹出警告显示和声音提示的方式进行预警报警，并且在用户未作出反应的时候以一定的频率保持报警提示，使用户可以在第一时间收到预警信息并作出响应。同时，各积水监测站点与视频监测模块匹配关联，用户可以在系统中查看各监测站点相应的视频，查看现场实地积水情况。

（5）预警指标管理。预警指标是指触发城市洪涝的雨、水情临界值，分析利用现有历史洪涝灾害、雨量、水位（流量）资料，通过分析计算得到。在系统建设初期缺乏历史资料，可以采用内插法、比拟法、防洪防涝实例调查法、灾害与降雨频率分析法等方法确定本地区的临界雨量、成灾水位（流量），为防洪防涝预警条件、预警时间提供重要依据。随着资料的逐步丰富，可采用大数据分析确定本地区的临界雨量、成灾水位（流量）。

（6）应急响应服务。根据预警结果及信息发布情况，各相关部门启动相应的应急响应预案。系统会跟踪各级响应执行情况，直到响应结束。

3. 调度管理系统

结合智慧水务信息采集体系与水务工程监控体系，系统全方位接入供水、水雨情、水量以及设备工况等数据，同时接入闸泵站设备、管网、闸门以及重要供水单元设施等工程数据。系统依托多维仿真和可视化技术，构建湖区防洪排涝调度管理系统（图6.3-17），集成调度方案管理、调度会商记录、洪涝情景推演、调度指挥、自动化控制、调度评价等功能，以显著提高城市内涝防治工作的效率和效果。

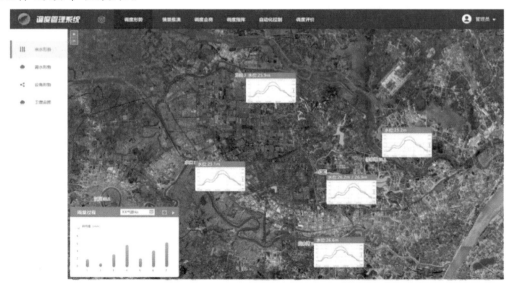

图6.3-17　调度管理系统

（1）调度方案制定与管理。根据自动预报、交互预报计算及分析功能，输出预报成果，对预报成果进行仿真模拟计算，协助制定洪水调度方案，其具体内容包括预见期降雨设置、预报计算、交互调度、调度成果对比、预报成果上报、方案管理等。

（2）调度会商。当某次暴雨达到会商标准时，用户可使用模块启动会商，将会商资料汇总分类并在系统平台上添加到地图图层中，生成对应的分析图表或种类丰富的数据报表，供用户分析决策。

（3）调度指挥。防涝预案启动后，系统根据预案灾情地区自动检索相关责任人，按照不同街道区域范围和不同部门中具体的人员组织名单，对责任人单位、职责性质、职务、电话等信息进行分类查找，快速查找到相关责任人，为预案启动后第一时间通知相关责任人进入防御状态提供信息支持。

（4）自动化控制。系统需根据"先进实用、资源共享、安全可靠、高效运行"的原则和要求进行设计，界面按照控制权限的级别分为三个等级，分别对应指挥中心、管理站和就地控制站。在一级界面即指挥中心，主要通过"一张图"的形式来展示所有水系要素，简单明了，快速便捷；在二级界面即管理站，主要通过区域地图展示区域水系要素的信息；在三级界面即就地控制站，主要展示就地控制站自动化设备工艺流程、数据监控、视频监控以及设备管理维护，由面到点，精确控制。

4. 水务综合业务管理系统

水务综合业务管理系统是按照统一技术标准、运行环境的总体原则，以公共基础地理和水务核心业务数据为基础，通过综合运用GIS、服务融合等技术手段，对多时空水务数据进行综合管理与分析，并以此为基础搭建一个智慧水务综合展示系统。基于二维、三维一体化的方式，集成展示智慧水务体系下所有的河湖、沟渠、供水管网、排水管网、供水水质、泵闸调度、视频监控等全方位的实时信息，如图6.3－18所示。以此辅助管理者进行科学管理和决策，提高水务管理科学化、自动化水平。

（1）"一张图"展示。基于防洪排涝"一张图"，综合展示防洪与排涝的各项专题信息和各类实时监测信息。建立完善的水务各项业务信息化集成展示功能体系，实现水务管理业务信息的分析、查询、统计、输出的信息化，方便快捷灵活的地理信息图形和属性数据的交互查询，各种统计报表的自动生成以及多种格式的专题图制作与输出，以及地理信息的空间分析和相关统计分析。

（2）闸站日常管理。系统为指挥中心提供闸站的视频监控、运行状况监测，辅助提高闸站运行的工作效率和工作水平。

（3）水系管控。系统用于沟渠、外江等水利元素的日常管理，主要职责是

图 6.3 - 18 综合业务管理系统

保障内河设施及内河河道环境与岸坡安全。

（4）设备运行状态信息管理。实时监测就地控制站的自动化设备运行状态，如监测设备的开关状态、运行频率等信息，支持对这些信息进行实时监测、历史数据查询、历史数据存档等操作。

5. 移动应用平台

基于移动端开发一套移动巡检管理 App（图 6.3 - 19），采用移动终端定位技术和终端设备识别技术，针对不同部门和人员，实现巡检管理、人员监控、巡检任务监控、巡检自动化办公、设施监控、事件上报等功能。通过采用移动巡检管理 App，能够大大缩短巡检业务的工作时间，节约成本，提高工作效率。通过移动端的巡检管理功能，能够实现巡检相关的全工作流管理。

图 6.3 - 19 移动应用平台

（1）巡检管理。巡检监控端能实时观看到巡检所在的地理位置，以及相应的地形地貌情况；能通过打电话、发短信的方式实时调度巡检人员；通过监督指挥中心可以完成人员的管理、调度和考核、事件的分析处理、任务的分派等工作内容，包括日志和文档的管理等功能。

（2）人员监控。采用手持设备装备的 GPS 接收机获取 GPS 发送的坐标，经过坐标转换与矫正，获得巡线员的实时坐标，发送到监督指挥中心，并且可以显示在大屏幕上，让管理者对于巡线员当前的位置一目了然，方便管理者指挥，实现对巡线员的实时监控。

（3）巡线轨迹显示。系统按天记录巡线员的轨迹，可以在任意时刻查看指定巡线员的巡线轨迹，并且自动记录下巡线员的行走距离、在线时间等，为巡线员绩效考核和相关管理提供明确的依据。

（4）无人职守监控。提供无人职守监控模式，所有的考勤异常、人员监控、轨迹记录均由服务器自动完成。

（5）巡视任务管理。该管理模式可以给巡视人员指定巡视的位置、巡视日期，并提供动态调整工具，通过框选区域给巡视人员安排非计划巡检任务，并由服务器按照指定规则和法定节假日自动生成每天的巡线任务。

（6）巡检办公自动化。巡检业务的办公时间能够通过巡检办公自动化系统大大缩短，使得成本得以节约，工作效率得以提高。自动办公系统基于工作流，能够实现巡检相关的全部工作内容管理。

（7）设施监控管理。设施巡检监控系统基于 GIS 系统，在结合自身巡检业务的基础上，主要具有地图浏览、数据更新、分析定位、属性查询等功能。

（8）事件上报。水务巡视人员在日常巡查过程中，发现设施损坏时及时将信息上报给分级领导。同时事件所在的地点均自动从地图中读取，不需要手动添加。上报的是事件的文本信息和图片信息，根据网络连接情况，通过 4G、WiFi 或 USB 连接进行上报，上报后的数据存储至本地的备份目录，并记录上报日志。已经上报的事件，不论是否上报成功，都可以保存在本地，以便以后查看。

6.3.5　HydroBIM-引水工程智慧管理平台

6.3.5.1　应用概述

引水工程建设期较长、工程线路长、地质条件复杂、建设难度大、参建方多、管理难度大。为了服务业主方的工程建设管理，对项目的质量、安全、进度、成本及施工现场进行实时掌控，提高决策层的分析决策能力，项目依托 GIS＋BIM 技术，构建引水工程智慧建设管理平台。平台以简洁实用为原则，充分发挥三维空间分析和数据可视化的技术优势，以实现工程数据标准化、业务流程规范化、多方协同一体化为目标，为工程建设提供有章可依、有据可查的统一无纸化办公平台；基于"平台统一化、工程数字化、业务专业化、分析聚合化"，实现基于 GIS＋BIM 实时可视、事件感知与智能分析，态势监控与智慧决策，做到滇中引水重点部位状态可视、施工可管、信息可追溯，达到宏观监管和辅助决策的目的。

6.3.5.2 平台架构

某引水智慧工程管理平台通过BIM技术、GIS技术、物联网技术、高速网络通信技术，实现工程施工期间的安全管控、质量检查、进度跟踪、资金监管、图文归档、TBM运行监控以及各项监测的信息化与智能化。平台架构包括感知采集层、网络传输层、计算资源层、数据中心层、支撑层、业务应用层和用户层七部分。感知采集层是数据采集的抓手；网络传输层是数据传递的通道；计算资源层是进行数据读取、存储、处理和分析的硬件支撑；数据中心层是存储和共享基础空间地理、三维模型、工程图档、业务流程等数据信息的仓库；支撑层是聚合分散、异构应用和信息资源的桥梁；业务应用层针对滇中引水工程建设管理的重点问题进行管控；用户层是权限管理、界面显示管理的体现。引水工程智慧管理平台总体架构见图6.3-20。

6.3.5.3 应用内容及效果

1. 工程建管"一张图"

工程建管"一张图"以三维GIS+BIM技术为核心，借助于虚拟环境，将项目施工三维形象与周边地形地貌进行多漫游展示。在积累的业务数据基础上，依据业务需求梳理出与工程相关的关键性建设管理指标和信息，汇总统计后以图表形式进行可视化展现。同时基于GIS+BIM支撑平台将数据与三维场景集成，展现项目总体和细节情况。

2. 工程智慧建管系统

基于计算机网络和地理信息系统，实现工程巡查维护、突发事件响应、工程维修养护、工程管理考核、工程维护信息等功能，使引水工程在建成运行开始，就具备较强的突发事件响应能力和较高的运行管理水平，保障整个引水工程安全运行，为工程安全运行提供网络化和可视化的工程基础信息及管理维护综合信息服务，为工程运用调度决策提供支持。工程智慧建管系统见图6.3-21。

3. 综合办公系统

针对引水工程实施过程中设计、监理、施工单位间的往来公文，建立一套满足项目日常管理需求的文档管理系统，包含各类指令性文件、报送及审批类文件、接收文件、会议纪要、行政管理等多类型过程管理文件；支持在线编辑发文、图纸会审、图纸交底、会议通知、方案会审、电子签单等专项功能；连

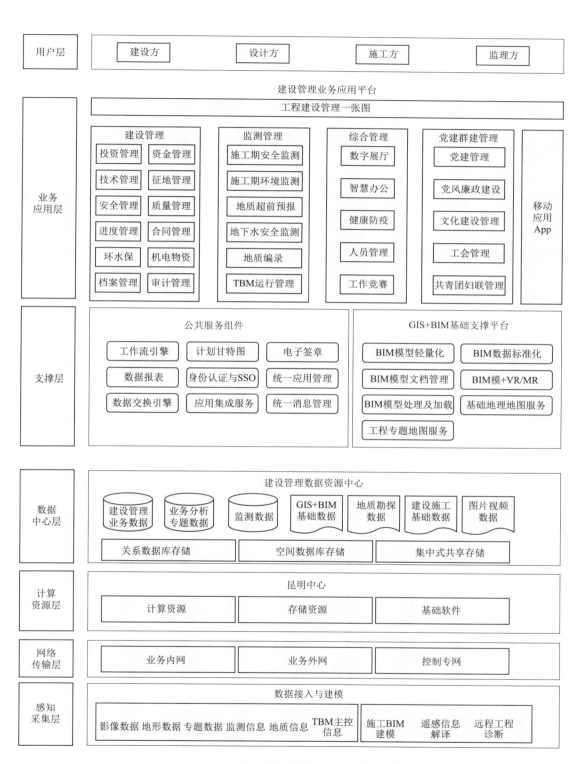

图 6.3-20 引水工程智慧管理平台总体架构

图 6.3 - 21　工程智慧建管系统

通智慧引水工程建设管理各业务模块，对接引水工程公司的综合办公系统，实现参建各方的协同办公（图 6.3 - 22）。

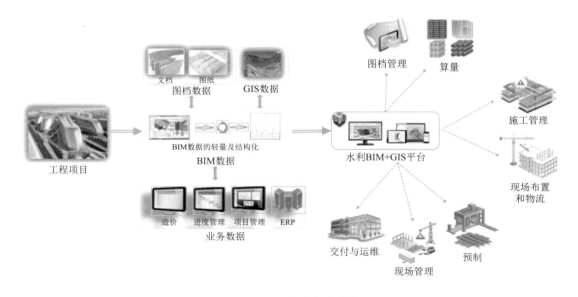

图 6.3 - 22　综合办公系统

4. 移动应用 App

针对滇中引水工程建设户外作业业务多、项目事项处理要求及时性高的特点，通过构建统一的移动应用 App，实现工程参加单位全员、全业务的移动化处理，提高信息流动的效率和及时性。

　　基于移动应用平台，实现工程建管"一张图"、建设管理、监测管理、综合管理、党建管理等关键业务的移动端全覆盖，同时集成已有的各项监测应用移动端，实现移动一体化办公。针对各类移动填报业务，在明确信息采集标准的前提下尽量采用引导式、模板式的填报方式，减少用户交互工作量，提升数据质量。

第 7 章

总 结 与 展 望

7.1　总结

　　HydroBIM - 3S 技术集成是一种扩展到与空间分布信息有关的众多领域的集成应用，经传统水利水电工程测量演变而来，融合了全球导航卫星系统、航天航空遥感、地理信息系统、网络与通信等多种科技手段的测绘与地理信息学科以及云计算、物联网、移动互联、大数据等高新技术。本书依托红石岩等水利水电工程，基于 HydroBIM 水利水电工程 3S 集成应用，从工程勘察设计的现场勘测和数据采集出发，充分利用 3S、三维设计等数字化技术，协同支撑水利水电工程全生命周期各阶段工作，初步得到了以下研究成果和结论。

　　（1）水电空间基准的统一。HydroBIM - 3S 技术集成在专业工程师的主导下，实现各设计专业初始数据成果的空间基准统一并在工作开展过程中持续维护，保证 HydroBIM 综合平台涉及的各类空间数据处于同一空间基准中，从而实现数据的空间整合。

　　（2）三维可视化平台。HydroBIM - 3S 技术集成应用提供了工程项目三维展示平台，将水利水电工程设计意图与设计成果在虚拟三维环境中直观展示，并实时反映现实世界中各类资源的分布状况，实现三维设计成果与现实世界的统一。通过 3S 技术提供流域信息、基础地理信息、施工资源分布状态、工程安全监测信息、工程运行信息，辅助各专业工程师在水利水电工程全生命周期的各个阶段进行工作。

　　（3）信息集成与共享。基于 HydroBIM - 3S 技术集成的多源异构信息数据集成与共享平台，在海量基础地理信息数据集成的基础上，融合了各三维设计专业的设计成果数据及水利水电工程全生命周期相关的空间数据，并为参建各方提供了信息集成与共享服务。

　　（4）空间分析与应用。HydroBIM - 3S 技术集成为各类空间数据提供了空间分析与应用功能。配合水利水电工程涉及的空间数据属性及空间模型的联系分析，挖掘空间目标的潜在信息（包括空间位置、分布、形态、方位、拓扑关系等），使各实体之间的空间特性可作为数据组织、查新、分析和推理的基础，从而可以在水利水电工程的建设过程中进行许多特定任务的空间计算与分析。

（5）水利水电工程数据挖掘。HydroBIM－3S技术集成针对从勘察设计到后期运维中各类传感器生成的海量的工程数据，完成了系列数据挖掘任务；根据历年水文观测数据计算洪峰分布情况，利用动植物分布数据建立物种繁衍模型，以制定水利水电工程环境保护措施；采集施工环境量变化数据，以优化施工作业计划等。

（6）地理空间数据更新与维护。HydroBIM－3S技术集成通过建立水利水电工程全过程地理空间数据更新与维护机制，使各设计专业在工作开展过程中，任意时间、任意空间条件下，所面对的地理空间数据均为统一数据，解决了以往建设过程中决策所依据的基础数据存在滞后性、多版本性等问题。

（7）水利水电工程全周期数据服务。HydroBIM－3S技术集成整合了HydroBIM综合平台涉及的各类空间异构水利水电工程数据，可为参建各方提供工程全周期云数据服务，解决了传统水利水电工程建设过程中服务于不同专业、涉及各阶段的空间数据未进行有效组织和管理的问题。

7.2 展望

测绘是一门古老而年轻的科学，随着空间信息技术的发展由研究为主步入实用化、集成化和网络化的新阶段，测绘科学也展现出了新的活力。随着空间信息技术、传感器技术、卫星定位与导航技术、计算机技术和通信技术等的快速发展，水利水电工程3S技术集成不仅有机结合了遥感、地理信息系统和全球导航卫星系统，而且向集成化、云端化和平台化发展。

结合目前HydroBIM－3S技术集成应用现状，未来水利水电工程3S技术集成将继续与多学科协同发展。随着企业数字化转型的推进，HydroBIM－3S技术集成相关成果将会拓展应用到新能源、市政、交通、水环境治理等诸多领域。

参 考 文 献

蔡泽伟，2016. 三维遥感技术在工程地质勘察中的应用研究 [J]. 企业技术开发，35（12）：62，71.

陈孜，黄观文，白正伟，等，2022. 基于低成本毫米级 GNSS 技术的膨胀土边坡现场监测 [J]. 中南大学学报（自然科学版），53（1）：214 - 224.

丛威青，潘懋，孙志东，等，2008. 基于三维 GIS 的工程勘察信息系统 [J]. 工程地质计算机应用（1）：1 - 6.

冯凌彤，2022. 基于 GIS 技术的河南省洪灾风险评估与分析 [J]. 人民黄河，44（5）：67 - 70，74.

郭密文，郭中泽，闫德刚，等，2016. 一种岩土工程勘察外业数据采集系统：201610257610.9 [P]. 2016 - 09 - 07.

郭密文，郭中泽，闫德刚，等，2017. 岩土工程勘察外业数据采集仪：201630138519.6 [P]. 2017 - 02 - 08.

金鼎坚，王晓青，窦爱霞，等，2012. 雷达遥感建筑物震害信息提取方法综述 [J]. 遥感技术与应用，27（3）：449 - 457.

李玮玮，帅向华，刘钦，2016. 基于倾斜摄影三维影像的建筑物震害特征分析 [J]. 自然灾害学报，25（2）：152 - 158.

梁艺琳，2016. BIM 在岩土工程勘察中的应用 [J]. 工程建设与设计（8）：54.

刘然，孟祥龙，颉建新，等，2017. 工程勘察设计企业提升质量管理体系有效性实践 [J]. 石油工业技术监督，33（7）：11 - 16.

刘文彬，郭中泽，闫德刚，2016. 基于平板电脑的岩土工程勘察外业数据采集系统 [J]. 岩土工程技术，30（2）：63 - 65，99.

刘晓光，2015. BIM 技术在工程勘察设计阶段的应用研究 [J]. 智能城市，1（1）：78 - 79.

刘亚林，2013. 多源遥感技术在铁路工程地质勘察中的应用研究 [J]. 铁道标准设计（5）：13 - 16.

刘莹，陶超，闫培，等，2017. 图割能量驱动的高分辨率遥感影像震害损毁建筑物检测 [J]. 测绘学报，46（7）：910 - 917.

任彧，戴一鸣，2017. 基于 BIM 的三维岩土工程勘察信息模型构建方法：201611225565.5 [P]. 2017 - 06 - 13.

任治军，任亚群，葛海明，等，2011. 岩土工程勘察信息化处理的架构与实施 [J]. 电力勘测设计（1）：23 - 27.

苏立勇，周轶，张志伟，等，2020. 基于 BIM - GIS 技术的城市轨道交通附属一体化工程应用研究——以北京地铁 19 号线一期工程为例 [J]. 隧道建设（中英文），40（11）：1541 - 1551.

孙锡衡，王仁超，唐建华，1990. 土石坝施工过程的计算机模拟 [J]. 水利水电技术（6）：38 - 42.

田密，2016. 有限勘探数据条件下土性参数空间变异性定量表征方法 [D]. 武汉：武汉大学.

王彩凤，2013. 利用机载 LiDAR 点云提取损毁建筑物的方法研究 [D]. 成都：西南交通大学.

王仕强,何小辉,2017. 简析 BIM 在岩土工程勘察成果三维可视化中的应用 [J]. 建材与装饰(33):232 – 233.

王玉娴,段建波,刘士彬,等. 2017. 基于众包的遥感灾害监测与评估模型 [J]. 国土资源遥感,29(2):104 – 109.

魏晓巍,2014. 简述工程勘察过程中的质量体系管理 [J]. 内蒙古水利(5):171 – 172.

吴鹏天昊,吴立新,沈永林,等,2012. 基于高分影像纹理分维变化的灾害自动识别方法 [J]. 地理与地理信息科学,28(2):9 – 13,2.

吴学雷,2017. 实测资料缺乏条件下水利水电工程勘察设计技术应用 [J]. 云南水力发电,33(5):74 – 79.

吴学明,2016. 基于 3S 与物探集成技术的三维地质模型应用研究 [D]. 昆明:中国电建集团昆明勘测设计研究院有限公司.

熊春宝,张雪芳,牛彦波,等,2019. 一种基于 RTK – GNSS 技术的大跨径悬索桥动态特性分析方法 [J]. 天津大学学报(自然科学与工程技术版),52(7):699 – 708.

薛梅. 李锋,2015. 面向建设工程全生命周期应用的 CAD/GIS/BIM 在线集成框架 [J]. 地理与地理信息科学,31(6):30 – 34.

姚晓洁,王霞,姚侠妹,2021. 基于 RS 技术的皖北城市阜阳市主城区热环境效应分析 [J]. 生态学杂志,40(10):3290 – 3303.

俞健,谢荣清,张勇,等,2013. 一种用于海上工程勘察的水下数据采集传输电路:201310247238. X [P]. 2013 – 09 – 25.

张建平,曹铭,2005. 基于 IFC 标准和工程信息模型的建筑施工 4D 管理系统 [J]. 工程力学(增 1):220 – 227.

张健,申浩,2018. 基于 GIS 和 RS 技术的城市河流廊道对景观格局的影响 [J]. 山东农业大学学报(自然科学版),49(5):769 – 771.

张晓哲,2017. 关于岩土工程勘察中存在的常见技术问题分析及解决方法探讨 [J]. 科技风(7):121 – 122.

张泽平,汪新健,刘猛. 2009. 中小型水库土石坝除险加固工程地质勘察工作流程及实例分析 [J]. 管理观察(15):224 – 225.

中国电建集团昆明勘测设计研究院有限公司,昭通市水利水电勘测设计研究院,2014. 云南省牛栏江红石岩堰塞湖永久性整治工程实施方案(可研阶段)[R].

中国电建集团昆明勘测设计研究院有限公司,2014. 排龙至金珠曲通村公路工程 – 108K 至加热萨乡段公路工程设计报告 [R].

中国电建集团昆明勘测设计研究院有限公司,2014. 印度尼西亚 Kluet1 水电站可行性研究报告 [R].

中国电建集团昆明勘测设计研究院有限公司,2014. 云南省楚雄州姚安县保顶山风电场可行性研究报告(审定稿)[R].

中国电建集团昆明勘测设计研究院有限公司,2018. 滇中引水工程初步设计报告(昆明段、楚雄段)[R].

朱庆,2017. BIM 在岩土工程勘察成果三维可视化中的应用 [J]. 低碳世界(17):183 – 184.

CHENG J,DENG Y,2015. An integrated BIM – GIS framework for utility information management and analyses [M] //Computing in Civil Engineering 2015:667 – 674.

D'AMICO F, CALVI A, Schiattarella E, et al. , 2020. BIM And GIS Data Integration: A Novel Approach Of Technical/Environmental Decision – Making Process In Transport Infrastructure Design [J]. Transportation Research Procedia, 45: 803 – 810.

DENG Y, GAN V J L, DAS M, et al. , 2019. Integrating 4D BIM and GIS for construction supply chain management [J]. Journal of construction engineering and management, 145 (4): 04019016.

ELLSWORTH C C, BAITY S, JOHNSON B, et al. , 2014 Method apparatus system and computer program product for automated collection and correlation for tactical information: U. S. Patent 8, 896, 696 [P]. 2014 – 11 – 25.

GALIBERT P, 1997. Seismic data compression speeds exploration projects [J]. Petroleum Engineer International, 70 (4): ×-×.

GONG J, CHENG P, WANG Y, 2004. Three – dimensional modeling and application in geological exploration engineering [J]. Computers & Geosciences, 30 (4): 391 – 404.

KARAN E P, IRIZARRY J, HAYMAKER J, 2019. BIM and GIS Integration and Interoperability Based on Semantic Web Technology [J]. Journal of Construction Engineering and Management. 30 (3): 04015043.

PEZESHKI Z, SOLEIMANI A, DARABI A, 2019. Application of BEM and using BIM database for BEM: A review [J]. Journal of Building Engineering, 23: 1 – 17.

REYMOND S B, STEINER C, DUCKETT A, 2000. Optimised reservoir characterisation workflow using multi attributes classification? a case study on the Wandoo field, NW Shelf, Australia [J]. Exploration Geophysics, 31 (3): 473 – 480.

TANG F, MA T, GUAN Y, et al. , 2020. Parametric modeling and structure verification of asphalt pavement based on BIM – ABAQUS [J]. Automation in Construction, 111: 103066.

WANG M, DENG Y, WON J, et al. , 2019, An integrated underground utility management and decision support based on BIM and GIS [J]. Automation in Construction, 107: 102931.

YOO B Y, YOON H J, KIM Y J, et al. , 2016. Stepwise Application of BIM – based Parametric Modeling to Tapered Slip – Form System [J]. Procedia Engineering, 145: 112 – 119.

ZHANG B, LIU Z, WANG J, et al. , 2020. A Cloud Platform for Bridge Health Monitoring Based on BIM+ GIS [C] //CICTP 2020: 1498 – 1507.

ZHANG S, HOU D, WANG C, et al. , 2020. Integrating and managing BIM in 3D web – based GIS for hydraulic and hydropower engineering projects [J]. Automation in Construction, 112: 103114.

ZHU J, WANG X, CHEN M, et al. , 2019. Integration of BIM and GIS: IFC geometry transformation to shapefile using enhanced open – source approach [J]. Automation in construction, 106: 102859.

ZHU J, WANG X, WANG P, et al. , 2019. Integration of BIM and GIS: Geometry from IFC to shapefile using open – source technology [J]. Automation in Construction, 102: 105 – 119.

索　引

《水利水电工程信息化 BIM 丛书》
编辑出版人员名单

总 责 任 编 辑： 王　丽　　黄会明

副总责任编辑： 刘向杰　　刘　巍　　冯红春

项 目 负 责 人： 刘　巍　　冯红春

项目组成人员： 宋　晓　　王海琴　　任书杰　　张　晓

邹　静　　李丽辉　　郝　英　　夏　爽

范冬阳　　李　哲　　石金龙　　郭子君

《HydroBIM – 3S 技术集成应用》

责 任 编 辑： 王海琴

审 稿 编 辑： 王海琴　　柯尊斌　　方　平　　冯红春

封 面 设 计： 李　菲

版 式 设 计： 吴建军　　郭会东　　孙　静

责 任 校 对： 梁晓静　　王凡娥

责 任 印 制： 焦　岩　　冯　强